ECKHARD LIETZOW
JORG ET RENATE EHLENBRÖCKER

Inséparables

Sommaire

Préface

Page de droite : Les inséparables préfèrent ronger les branches fraîches.

Les Agapornidés ou Inséparables font partie des oiseaux de compagnie les plus appréciés. En élevage, ces petits perroquets adorables présentent les colorations les plus variées. Leur élevage est facile. Cet ouvrage donne au lecteur toutes les informations pour comprendre leur biologie, leur élevage et les soins dont ils ont besoin.

Posséder des connaissances de base sur la meilleure alimentation ou sur les symptômes des maladies devrait aller de soi pour tout propriétaire d'inséparables. Mais élever des oiseaux de manière respectueuse de leurs besoins, dans une cage spacieuse ou dans une volière, nécessite de repérer les dangers domestiques et de prévoir un déplacement chez le vétérinaire lorsque la nécessité s'en fait sentir. Les personnes qui souhaitent franchir le pas de l'élevage trouveront dans ces pages des renseignements sur la formation du couple, les préparatifs et le déroulement de la reproduction.

Toutes les informations présentées correspondent à l'état actuel des connaissances et résument 25 ans d'élevage des inséparables. Nous laissons le soin au lecteur intéressé de se tenir régulièrement informé de l'évolution constante de la réglementation, de l'amélioration des connaissances relatives à l'élevage et des progrès de la science vétérinaire.

Nous vous souhaitons également d'éprouver les mêmes joies que nous en élevant, en soignant et en reproduisant vos inséparables.

Eickum/Enger, Printemps 2001
Jörg & Renate Ehlenbröcker,
Eckard Lietzow.

Origine et classification

Page de droite : La savane et la brousse africaine sont l'habitat naturel de l'Inséparable masqué et de l'Inséparable de Fischer.

La passion des hommes pour l'élevage et l'observation des oiseaux s'étend également à la famille des perroquets (Psittacidés). En premier lieu, l'ami des oiseaux pense aux grands perroquets que sont les aras, les cacatoès ou les amazones. Mais les petits Agapornidés ou Inséparables, généralement verts et munis d'une courte queue, sont aussi des perroquets. Les inséparables doivent leur nom à l'attachement qu'ils manifestent à leur partenaire. C'est aussi le sens de leur nom scientifique, du grec *agápe*, amour, et *ornis*, oiseau. Ce nom décrit bien la vie de ces amis ailés. Qu'il s'agisse d'un couple ou d'un individu solitaire, tous les inséparables ont en commun d'établir une relation étroite avec l'autre oiseau ou avec leur soigneur humain.

Les perroquets (Psittacidés), dont font partie les inséparables, sont des oiseaux des régions tropicales et subtropicales. Leurs principaux caractères sont :
- la mandibule supérieure recourbée et mobile
- un pied capable de saisir, avec deux doigts vers l'avant et deux vers l'arrière
- une absence en Europe, toutes les espèces de perroquets ayant été introduites par l'homme.

Habitat naturel et répartition géographique

À l'exception d'une seule espèce, l'Inséparable à tête grise (*Agapornis canus*), tous les inséparables vivent sur le continent Africain. Leur aire de répartition s'étend entre le Tropique du Cancer et le Tropique du Capricorne, c'est-à-dire, grossièrement, entre le 15e degré de latitude nord et le 30e degré de latitude sud. Elle traverse le continent d'ouest en est, avec des interruptions dues aux conditions environnementales. Cet espace commence en Afrique occidentale, au Sénégal, et longe la limite sud du Sahel jusqu'en Ethiopie, puis suit la côte orientale jusqu'au Mozambique en passant par le Kenya et la Tanzanie, destinations chères aux touristes, et traverse jusqu'à la pointe nord-ouest de l'Afrique du Sud. À plus de 500 km du continent, l'Inséparable à tête grise s'est installé sur la quatrième île du monde par la taille, Madagascar. Il vit dans les régions littorales ainsi que sur quelques îles voisines.

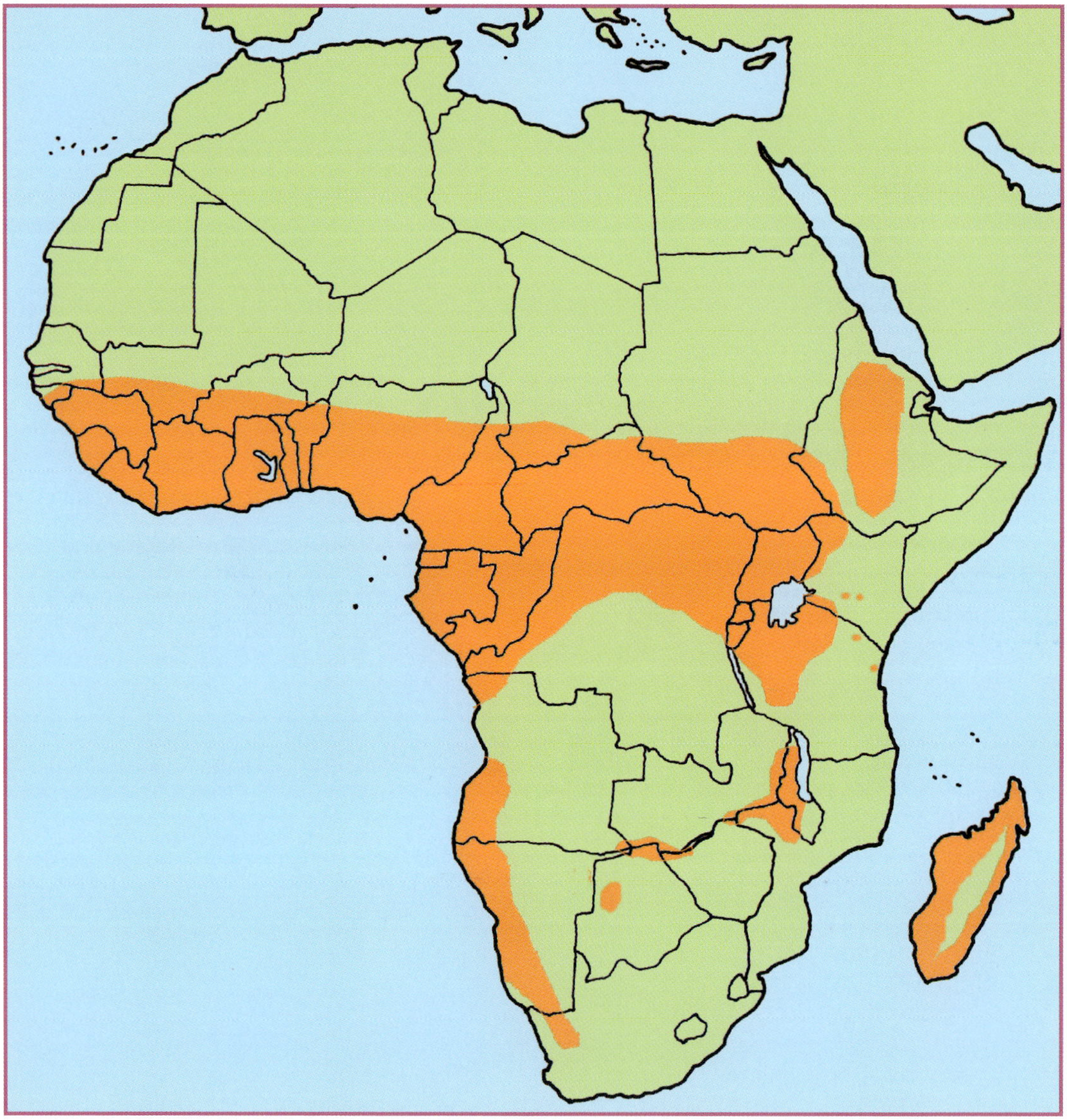

Aire de répartition des inséparables

Du point de vue des milieux naturels occupés, on note également une exception : l'Inséparable à collier noir (*Agapornis swindernianus*) est la seule espèce qui vive dans la forêt pluvieuse tropicale. À ce jour, l'espèce n'a jamais été introduite en Europe et ne se prête pas à l'élevage amateur. Toutes les autres espèces préfèrent les milieux ouverts ou semi-ouverts, parsemés de bosquets d'acacias ou de fourrés épineux. La proximité de cours d'eau ou

En liberté, l'Inséparable masqué vit en petites bandes.

de point d'eau est favorable et même indispensable pour certaines espèces.

Mais ces oiseaux ne se plaisent pas que dans les régions inaccessibles et inhabitées. Les régions de culture des céréales leurs sont également propices en raison de l'abondance de nourriture. Comme on peut le comprendre, ces oiseaux ne sont pas particulièrement les bienvenus dans ces régions.

Pour les inséparables, l'existence de lieux de nidification propices est tout aussi essentielle que la nourriture. La plupart des espèces nichent dans les trous d'arbres creusés par les pics ou autres oiseaux, ou encore dans les cavités naturelles dans les troncs ou les branches morts. Faute de cavités, les inséparables occupent parfois les grands nids sophistiqués des tisserins. Il leur arrive même de s'installer sous les toits des cases et des maisons.

Une fois encore, une espèce a des habitudes de nidification à part : il s'agit de l'Inséparable à tête rouge (*Agapornis pullarius*), qui niche dans les termitières, où il creuse par ses propres moyens un couloir aboutissant à une chambre de nidification. L'avantage de ce choix surprenant est que la température à l'intérieur de la chambre reste constante.

Protection de la nature et de la faune

Heureusement, il n'est plus aujourd'hui nécessaire d'importer des inséparables, ce qui permet de prévenir une raréfaction de ces oiseaux résultant de leur capture à des fins commerciales dans leur pays d'origine. Cela n'a pas toujours été le cas au siècle dernier. Dès le XVIIIe siècle (encore plus tôt pour l'Inséparable à tête rouge) commença l'époque honteuse des captures de masse, qui furent encore favorisées par l'amélioration des moyens de transport. Ce n'est que dans le dernier tiers du XXe siècle, lorsque la prise de conscience environnementale se produisit, que la situation des oiseaux commença à s'améliorer. Aujourd'hui, les chiffres d'importation publiés par l'administration de la CITES* montrent que l'importation des inséparables est sporadique et les quantités faibles.

Malheureusement, force est de constater que la capture commerciale n'appartient pas encore au passé. À l'intérieur du continent africain, le marché des oiseaux capturés est toujours important. Mais, dans beaucoup de régions, la destruction de leur habitat et la désertification constituent des menaces beaucoup plus graves pour les populations sauvages d'inséparables.

L'Inséparable à joues noires (*Agapornis nigrigenis*) est particulièrement menacé dans sa région d'origine, bien que son importation ait pratiquement cessé depuis plusieurs décennies. Les populations sauvages, décimées au début du XXe siècle par les captures, ne purent se reconstituer en raison des perturbations de leur habitat naturel et de la désertification. On estime qu'il ne

Le saviez-vous ?
On estime à 7 millions le nombre d'oiseaux vivant en captivité en France. Même dans le cas des animaux de compagnie, la première exigence est de leur offrir des conditions de vies compatibles avec leurs besoins et avec la réglementation sanitaire !

***La Convention de Washington sur le commerce des espèces protégées du 3 mars 1973 :** Cette convention, connue sous le sigle CITES, pose les règles de base régissant le commerce international des espèces animales et végétales menacées.

Les permis CITES
Tout pays exportateur doit fournir une autorisation d'exportation pour chaque animal, et le pays importateur doit délivrer une autorisation d'importation. Il s'agit des « permis CITES », dont la délivrance doit être compatible avec la Convention de Washington.

resterait plus que 5000 oiseaux sauvages et la tendance est toujours à la baisse. Pour toutes les autres espèces, on peut dire que les populations sauvages ne sont pas immédiatement menacées.

Une autre menace doit être mentionnée : en raison du déplacement des aires de répartition (mouvement naturel vers des régions plus favorables) et du retour à l'état sauvage d'oiseaux de cage, apparaissent des populations mélangées d'inséparables masqués (*A. personatus*) et d'inséparables de Fischer (*A. fischeri*). Dans ces populations naissent inévitablement des hybrides interspécifiques, et les différences entre les deux espèces risquent de s'effacer peu à peu. Le même destin attend à terme l'Inséparable à joues noires (*A. nigrigenis*) et l'Inséparable de Lilian (*A. lilianae*).

Grâce aux travail de nombreux éleveurs et de nombreux passionnés, il est maintenant facile d'acheter des individus issus d'élevage appartenant aux espèces les plus faciles à élever. Maintenant, chez les espèces élevées depuis plusieurs générations, apparaît un phénomène qui plaît à tous les amateurs d'oiseaux colorés, à savoir les mutations de couleurs. C'est ainsi que naissent des formes colorées intéressantes et parfois vraiment attrayantes chez ces oiseaux dont la coloration naturelle est dominée par le vert. Ce sujet sera traité plus en détail dans un chapitre ultérieur.

Chaque année, des milliers d'inséparables masqués naissent en élevage, et, depuis longtemps, il n'est plus nécessaire de l'importer depuis sa région d'origine.

Les espèces et leurs caratéristiques : un choix difficile

■ Page de droite : L'Inséparable à face rose est le plus connu des inséparables.

Jusqu'à présent, on considérait que le genre Agapornis comprenait neuf espèces. Cette classification a été remise en question par les passionnés ainsi que par les associations d'éleveurs. Dans les publications récentes, on ne reconnaît plus que six espèces, les quatre espèces possédant un contour de l'œil blanc étant considérées comme des sous-espèces d'une même et unique espèce, *Agapornis personatus*. Bien que ce point de vue paraisse en partie fondé, nous nous en tiendrons dans ces pages à l'ancienne classification en neuf espèces.

Concernant les noms scientifiques, une nouvelle tendance s'est répandue ces dernières années, qui consiste à considérer que le nom de genre, se terminant par « is » (*Agapornis*), est masculin : les noms d'espèces doivent donc recevoir une désinence en « us » (masculin), qui remplace l'ancienne désinence en « a » (marque du féminin) ; ainsi, par exemple, *Agapornis personata* est devenu *A. personatus*. Une exception est *A. taranta*, dont le nom d'espèce se réfère à son origine géographique (le col de Taranta) ; il est donc invariable.

Pourquoi ces considérations sur les noms scientifiques ? Parce que, pour les inséparables encore plus que pour n'importe quel autre groupe d'oiseaux, les éleveurs ont pris l'habitude de fonder le nom courant de l'espèce sur la base du nom scientifique (ex. : Inséparable personatus pour *Agapornis personatus*). L'amateur doit donc être en mesure de comprendre qu'un Inséparable personatus n'est autre qu'un Inséparable masqué, qu'on peut aussi trouver sous la dénomination d'Inséparable personata.

Pour présenter les neuf espèces, nous avons choisi un ordre commode pour l'amateur d'oiseaux – et dont le but est aussi d'inciter le lecteur à consulter des ouvrages scientifiques pour compléter les informations présentées ici.

La classification des oiseaux

Outre la **famille** et le **genre**, la catégorie systématique la plus importante est l'**espèce**. Pour définir une espèce, le critère essentiel n'est pas l'apparence extérieure, mais le fait que les individus qui la composent soient interféconds, c'est-à-dire capables de se reproduire entre eux. Les individus d'une même espèce ont généralement en commun des caractères morphologiques et comportementaux plus ou moins variables.

Les espèces sont donc présentées par ordre de difficulté d'élevage croissante (critère particulièrement destiné aux débutants), et donc par la facilité ou la difficulté d'obtenir des jeunes en captivité. Le lecteur aura compris que les inséparables se prêtent plus ou moins bien à la vie en captivité. Ce point est particulièrement développé dans la description des espèces. La description des couleurs n'est que brièvement évoquée, et les standards requis pour les oiseaux d'exposition ne sont pas mentionnés. Cela dit, les photographies que nous avons choisies illustrent fidèlement les espèces.

Inséparable à face rose *Agapornis roseicollis*

Difficulté : Lorsqu'une personne qui connaît peu les oiseaux de compagnie parle d'inséparable, c'est en général à l'Inséparable à face rose qu'elle fait allusion. De tous les inséparables, c'est celui que l'on peut recommander le plus chaudement au débutant. On trouvera toujours des inséparables à face roses issus d'élevage chez les éleveurs et dans les animaleries.

Description : L'oiseau doit son nom à la coloration rouge vif qui orne sont front et s'étend sur ses joues et sa gorge jusqu'à la poitrine, où elle s'atténue peu à peu en une teinte rouge pâle à rose. Le reste du plumage est coloré de diverses nuances de vert, à l'exception du bas du dos et du croupion, d'un superbe bleu turquoise, tandis que les rémiges sont presque noires. Les plumes de la queue sont vertes avec l'extrémité noire. Le bec clair et couleur de corne se termine par une pointe noire. Mâle et femelle sont de coloration identique. Avec une longueur totale de 17 cm, l'inséparable à face rose est le plus grand des inséparables.

Origine : L'aire de répartition de l'Inséparable à face rose s'étend le long de la côte du Sud-Ouest africain. Elle commence dans le sud de l'Angola et s'étend à travers la Namibie jusque dans le coin nord-ouest de l'Afrique du Sud. Une population isolée vit dans le bassin de l'Okawango, au Botswana. Malgré l'étendue son aire de distribution, on estime les populations sauvages à 100000 individus

La première mutation chez l'Inséparable à face rose fut un oiseau tacheté.

Inséparable à face rose

Chez l'Inséparable à face rose, les deux sexes ne montrent aucune différence de coloration.

Les jeunes inséparables à face rose se distinguent des adultes par leur coloration plus pâle et leur bec sombre.

seulement. En effet, le caractère inhospitalier de certaines parties de son aire s'oppose à une occupation homogène de cette vaste zone. Dans les secteurs arides et rocheux, couverts d'une végétation très clairsemée, la présence de points d'eau est indispensable à la survie des oiseaux. Près de ceux-ci, généralement à proximité des villages et des exploitations agricoles, les oiseaux trouvent des conditions de vie idéales. Mais les habitants persécutent les inséparables en raison des dégâts qu'ils infligent aux cultures.

Vie en captivité : Même si une espèce est considérée comme robuste ou résistante, il ne fait pas perdre de vue qu'un oiseau de cage ou de volière est dépendant des soins que lui prodiguent ses propriétaires. Mais lorsque l'on satisfait ses besoins fondamentaux, l'Inséparable à face rose s'avère le moins exigeant de tous les inséparables. L'idéal est de l'élever en couple dans une cage d'intérieur suffisamment grande pour permettre aux oiseaux de voler. Si vous souhaitez posséder plusieurs oiseaux, il vous faut une volière suffisamment spacieuse. L'Inséparable à face rose est en effet un oiseau querelleur au comportement territorial prononcé. Il n'est pas souhaitable de le mêler à d'autres espèces, sauf si la volière est suffisamment grande pour offrir des endroits calmes ou des cachettes aux individus dominés. L'Inséparable à face rose n'a pas de grandes exigences alimentaires, comme on le verra au chapitre « Alimentation et santé ».

Élevage : Le plus gros obstacle à surmonter dans le cadre d'un élevage planifié est la formation du couple. Les éleveurs expérimentés sont généralement capables de vous y aider. Le reste suit de lui-même. Si l'on a la chance d'acheter des oiseaux provenant d'un élevage où l'on a su offrir aux animaux des conditions de vie proches des conditions naturelles, la construction du nid est le premier spectacle qu'il vous sera donné d'observer. Comme d'autres espèces, ces inséparables ne transportent pas les matériaux de nidification dans leur bec : la femelle place des fragments d'écorces ou de feuilles entre les plumes de son croupion et de son dos, parfois aussi entre celles de son ventre. Son aspect évoque alors un âne chargé de fagots de bois. Le véritable tour d'adresse commence : il s'agit pour l'oiseau de perdre le moins possible de matériaux durant son trajet jusqu'au nichoir. À pied, cela ne serait pas trop difficile, mais il se trouve que les oiseaux volent...

Cette mutation colorée est l'une des plus récentes et l'une des plus appréciées.

Si les oiseaux disposent d'une quantité suffisante de brindilles vertes (celles des saules ont leur préférence), ils entreprennent de rembourrer confortablement le trou de nidification. La suite de la reproduction diffère très peu de ce qui se passe chez les autres espèces. Les 4 à 6 œufs sont couvés pendant 20 jours environ et les jeunes oiseaux quittent le nid vers l'âge de 5 semaines. Presque toujours, la femelle est prête à entreprendre une nouvelle ponte. Mais si l'on souhaite obtenir des jeunes viables et épargner aux parents un excès de travail, il ne faut pas les laisser élever plus de deux nichées par an.

Mutations : Incontestablement, c'est chez l'Inséparable à face rose que les mutations de couleurs sont les plus nombreuses. Comme si cela ne suffisait pas, on a pu faire apparaître de nouvelles colorations et créer de nouvelles combinaisons en hybridant divers mutants. Leur nombre est tel que le profane peut difficilement s'en faire une idée.

Dès 1927, des inséparables masqués bleus furent observés en Tanzanie.

Inséparable masqué *Agapornis personatus*

Difficulté : L'Inséparable masqué est également adapté aux débutants.

Description : Cette espèce se distingue nettement des autres par sa coloration. La couleur noire de la tête s'étend jusqu'à la

gorge. Elle est séparée des différentes nuances de vert du reste du corps par un collier jaune vif qui relie la nuque à la poitrine. Les rémiges noires contrastent avec cette coloration verte. Un caractère remarquable de l'espèce est sont bec rouge corail et le contour de l'œil blanc et nu (dépourvu de plumes). Comme chez l'Inséparable à face rose, aucune différence de coloration ne permet de distinguer les sexes. La silhouette générale de l'oiseau, qui rappelle une goutte d'eau, mesure environ 15 cm de long.
Origine : À l'origine, l'aire de distribution de l'Inséparable masqué se trouve dans le centre de la Tanzanie. Au cours des dernières décennies, elle s'est étendue vers le nord, mais ne recouvre cependant pas plus de 50 000 km², soit une surface réduite comparée à celle de l'Inséparable à face rose. Dans la partie nord-ouest de cette aire s'est développée une extension qui atteint et même parfois recouvre localement l'aire de distribution de l'Inséparable de Fischer. Des populations mixtes se sont formées et, avec des espèces biologiquement si proches, des hybridations n'ont pas manqué de se produire. En outre, on trouve des populations isolées des deux espèces dans certaines parties du Kenya et de la Tanzanie orientale, probablement formées à partir d'oiseaux relâchés par leurs propriétaires ou échappés avant leur exportation.

Au vu de ces constats, il apparaît que les populations sauvages ne sont pas encore gravement menacées mais pourraient le devenir à long terme. Heureusement, les importations ont fortement diminué, ce qui est à porter au crédit des éleveurs, dont les élevages assurent une reproduction suffisante de l'espèce pour approvisionner le marché.

Comme tous les inséparables, les inséparables masqués font preuve d'une sociabilité prononcée.

Vie en captivité : Comme les inséparables à face rose, les inséparables masqués sont relativement faciles à élever. Pour éviter les querelles incessantes, les volières abritant plusieurs couples ne doivent pas être trop petites, car les inséparables masqués sont également assez batailleurs.
Élevage : Les difficultés pour former des couples, déjà évoquées pour l'Inséparable à face rose, se rencontrent aussi chez l'Inséparable masqué, car les deux sexes sont de coloration identique. Comme tous les inséparables à contour de l'œil blanc, l'Inséparable masqué transporte les matériaux du nid dans son bec. Parfois, il ne se contente pas de bâtir une coupe mais bâtit un nid couvert. C'est là que la femelle pond 4 ou 5 œufs. Les oisillons naissent au bout de 22 jours environ et prennent leur premier envol à l'âge de 5 semaines.
Mutations : Depuis de nombreuses années déjà existent des formes bleues, bleu et blanc et bleu foncé, apportant une variété de couleurs à cette espèce déjà très colorée. D'autres colorations sont venues s'ajouter, comme le violet, récent et très recherché.

Sa coloration naturelle rend l'Inséparable de Fischer très attrayant.

Inséparable de Fischer *Agapornis fischeri*

Difficulté : Cette espèce est à recommander sans hésiter au débutant, surtout s'il veut commencer avec de petits groupes.
Description : La silhouette trapue en forme de goutte d'eau se pare de diverses nuances de vert. Du front jusqu'à la partie supérieure de la poitrine domine une teinte rouge orangé très vive, qui vire au brun entre le sommet de la tête et la nuque. Les plumes visibles de l'aile sont vertes et se terminent par une pointe bleue. Comme chez toutes les espèces à contour de l'œil blanc, le bec est rouge.
Longueur totale : 15 cm environ. Les deux sexes de la même couleur.
Origine : L'aire de répartition de l'Inséparable de Fischer commence dans le nord-ouest de la Tanzanie (parc national du Serengeti) et s'étend à l'ouest jusqu'au lac Victoria, qu'elle contourne par le sud pour se poursuivre en direction du Burundi

Chez l'Inséparable de Fischer, la forme panachée est une mutation rare.

et du Rwanda. À sa limite sud-est, vers le lac Manyara, elle recoupe en partie l'aire de répartition de l'Inséparable masqué. L'habitat de l'Inséparable de Fischer est dominé par la savane herbeuse parsemée de bosquets principalement constitués d'acacias-parasols. Les nids de tisserins, très fréquents dans ces arbres, sont volontiers occupés par les inséparables lorsque les trous d'arbres ne sont pas assez nombreux. On a déjà évoqué l'existence de populations isolées au Kenya et dans l'est de la Tanzanie, mêlées à des inséparables masqués. Selon les estimations les plus récentes, il ne resterait pas plus de 50 000 inséparables de Fischer en liberté ; à terme, on peut donc considérer l'espèce comme menacée.

Vie en captivité : L'Inséparable de Fischer se prête bien à la vie en groupe dans une volière spacieuse. Mais une vie en couple dans une volière d'appartement convient également.

Élevage : Comme chez les deux espèces précédentes, la formation du couple n'est pas évidente. Une fois cet obstacle surmonté, peu de choses s'opposent à la réussite de la reproduction. Dans un nid suffisamment grand, la femelle pond jusqu'à 4 ou 6 œufs deux par deux, qu'elle couve pendant 22 jours environ. Les petits restent au nid jusqu'à 5 semaines.

Mutations : Diverses combinaisons de couleurs sont venus d'ajouter aux colorations bleue ou jaune pastel, connues depuis longtemps.

Inséparable à joues noires *Agapornis nigrigenis*

Difficulté : Contrairement à ce qui a pu être affirmé dans le passé, l'Inséparable à joues noires n'est pas plus difficile à élever que l'Inséparable masqué ou l'Inséparable de Fischer. On peut donc le conseiller au débutant.

Description : Cet oiseau moins spectaculairement coloré que d'autres est néanmoins très joli. Il se distingue au premier coup d'œil de l'Inséparable masqué par sa tête brune et la tache orange peu étendue de sa gorge. Il mesure également 1 cm de moins. Le bec rouge est également plus petit et la base est plus claire. Le croupion vert est un caractère distinctif important.

Origine : De toutes les espèces, l'Inséparable à joues noires est celle qui a l'aire de répartition la plus petite. Celle-ci se situe au point de rencontre de la Namibie, de la Zambie, du Zimbabwe et du Botswana. L'avancée du désert et les captures massives du début du XXe siècle ont fait de cet inséparable l'espèce la plus

menacée de toutes, avec moins de 5000 individus sauvages. Depuis, cette petite population a tendance à se déplacer vers l'est, où elle atteint l'aire de répartition de l'Inséparable de Lilian, créant une situation comparable à celle de l'Inséparable masqué et de l'Inséparable de Fischer en Tanzanie.

Vie en captivité : Si l'on ne peut qualifier les vocalisations de cette espèce de chant au sens courant du terme, l'Inséparable à joues noires est beaucoup moins bruyant que les espèces précédentes. Il est conseillé de l'élever en couple dans une grande cage ou une volière d'appartement, mais on peut aussi élever de petits groupes, car c'est une espèce très tolérante. On peut aussi l'associer sans problème avec d'autres espèces.

Élevage : Malgré les menaces qui pèsent sur l'espèce dans son milieu naturel, on peut conseiller cette espèce, même aux débutants, car le succès de l'élevage en captivité rend inutile l'importation de cet oiseau. Celle-ci a d'ailleurs cessé depuis plusieurs années. Une fois formé un couple harmonieux, presque rien ne s'oppose à la réussite de l'élevage. Comme les autres espèces à contour de l'œil blanc, l'Inséparable à joues noires transporte les

Les inséparables à joues noires sont très tolérants et faciles à élever en groupe.

Chez l'Inséparable d'Abyssinie, les sexes sont faciles à reconnaître : le mâle a le front rouge.

matériaux de nidification dans son bec et le dispose dans un nid spacieux. Souvent, la femelle pond jusqu'à 6 œufs et les couve généralement tous. La couvaison dure 21-22 jours et les jeunes quittent le nid vers 5 semaines.

Mutations : Pendant longtemps, cette espèce est restée épargnée par les mutations, mais, il y a quelques années, sont apparus les premiers individus bleus, qu'il est très difficile de distinguer des individus bleus issus d'une hybridation artificielle avec l'Inséparable masqué. On voit également apparaître des oiseaux au plumage très foncé (mélanisme). Mais si les hybridations incontrôlées de divers mutants de l'Inséparable masqué avec d'autres inséparables font apparaître de nouvelles couleurs, il s'agit souvent d'hybridations douteuses d'un point de vue génétique. Le danger pour l'amateur est d'acheter un hybride en croyant acheter un Inséparable à joues noires.

Inséparable d'Abyssinie *Agapornis taranta*

Difficulté : Bien que cette espèce ne soit pas plus difficile à soigner que les autres, le petit nombre d'individus issus d'élevage devrait vous inciter à renoncer à l'adopter si vous ne souhaitez pas l'élever en vue de la reproduction.

Description : Contrairement à presque toutes les autres espèces, l'Inséparable d'Abyssinie présente un avantage considérable : les sexes sont faciles à reconnaître à leur coloration. Chez le mâle, le front et le bec rouge vif contrastent avec le reste du plumage, coloré de diverses nuances de vert. Chez la femelle, en revanche, le front n'est pas rouge. Au niveau des rémiges et de l'extrémité de la queue, le vert fait place au noir. Malgré cette coloration plutôt uniforme, l'Inséparable d'Abyssinie est, avec ses 17 cm de long et son comportement calme, l'une des espèces les plus imposantes.

Origine : L'Inséparable d'Abyssinie est le plus septentrional des inséparables. Il vit sur les hauts plateaux d'Éthiopie, depuis la frontière méridionale du pays jusqu'en Érythrée. Les oiseaux vagabondent en petits groupes familiaux jusqu'à des altitudes de 3 000 m où les nuits peuvent être très froides. La végétation de cette région est constituée essentiellement d'euphorbes arborescentes et de genévriers clairsemés, parfois d'acacias. Dans les régions où la végétation a disparu pour fournir du bois de chauffage, les inséparables d'Abyssinie ont su s'installer près des habitations humaines, jusque dans la capitale Addis Abeba. Pour l'instant, les populations sauvages ne sont pas considérées comme menacées, les exportations ont cessé depuis quelques décennies.

Vie en captivité : Si l'on considère l'origine géographique de l'espèce, l'installation d'une volière de jardin sans abri attenant peut paraître avantageuse. Mais il ne faut pas oublier que les oiseaux issus d'élevages sont élevés en intérieur depuis des générations, ce qui nécessite de leur offrir un espace abrité dans la volière. Cet inséparable est même volontiers élevé en appartement, car il chante rarement à pleine voix et n'est pas dérangeant. Mais il faut élever des couples, car les adultes ne tolèrent pratiquement pas de colocataires. Quant à l'alimentation, qui sera traitée dans un chapitre ultérieur, l'Inséparable d'Abyssinie préfère plutôt les fruits et les baies. Figues, baies de genièvre et cynorrhodons de l'églantier doivent toujours compléter le régime habituel de fruits.

La femelle de l'Inséparable d'Abyssinie est entièrement verte.

L'animation règne dans cette volière de jeunes inséparables d'Abyssinie.

Élevage : Il y a à peine vingt ans, l'élevage de cet inséparable était encore considéré comme problématique et seuls quelques spécialistes y parvenaient. Entre temps, les choses se sont modifiées. Si l'on est attentif aux exigences particulières de l'espèce vis-à-vis de la nourriture et du logement, les oiseaux se reproduisent dans la plupart des cas. Comme l'Inséparable à face rose, l'Inséparable d'Abyssinie ne transporte pas les matériaux de nidification dans le bec, mais entre ses plumes. Seuls les petits copeaux d'écorce sont ramassés et transportés dans le nid. Le nid n'est jamais très aménagé. En général, la ponte ne compte

La femelle de l'Inséparable à tête grise découpe dans une feuille de rhododendron une lanière qu'elle utilisera pour rembourrer le nid.

Chez l'Inséparable à tête grise, les sexes sont également reconnaissables : seul le mâle a vraiment la tête grise.

pas plus de 4 œufs. Soyez patient, car la couvaison est un peu plus longue que chez les autres espèces et peut durer 28 jours. En effet, la femelle ne commence à couver vraiment que lorsque le second ou le troisième œuf a été pondu. Le dernier œuf pondu éclot donc généralement 24 jours après le début de la ponte. Les jeunes quittent le nid à 7 semaines seulement.
Mutations : Depuis longtemps existent des individus vert foncé ou vert olive. Mais aujourd'hui existe la mutation « Fauve ». On peut s'attendre à de nouvelles mutations dans les années à venir.

Inséparable à tête grise *Agapornis canus*

Difficulté : Cette espèce ne convient pas aux débutants et pour la détention en intérieur. Bien que ces oiseaux soient élevés en petit nombre depuis longtemps, ils sont restés assez craintifs et on doit leur épargner le stress de la cage.

Description : Chez ces petits oiseaux de 14 cm seulement, le nom d'Inséparable à tête grise ne s'applique qu'au mâle. En dehors des rémiges lisérées de noir et de la bande noire qui borde la queue, la coloration du corps présente diverses nuances de vert. Chez le mâle, la tête, la nuque et la poitrine sont gris clair. Le bec est couleur de corne.
Origine : L'Inséparable a tête grise vit à Madagascar et sur les îles environnantes, loin des autres inséparables. Il occupe les plaines littorales sur le pourtour de l'île, mais on le rencontre surtout dans les régions dédiées à la riziculture. Bien que la déforestation par le feu ne cesse de s'étendre sur l'île, l'espèce n'est pas en danger pour l'instant et ses populations sauvages sont estimées à plus d'un million d'individus. L'importation est autorisée dans l'Union Européenne, mais peu d'oiseaux ont été importés ces dernières années. Le fait que l'espèce se prête mal à la vie en intérieur a beaucoup contribué à dissuader les acheteurs.
Vie en captivité : La vie en cage ne convient pas à cette espèce craintive. Les oiseaux ont besoin de cachettes et de lieux tranquilles pour se reproduire. Même en volière, l'élevage de couples réussit rarement. La volière doit être pourvue d'un abri susceptible d'être chauffé.
Élevage : Quelques spécialistes parviennent régulièrement à élever des inséparables à tête grise. Outre une volière calme, les types de nichoir et de matériaux sont déterminants pour la réussite de la nidification. Le nichoir doit être carré et comporter une cuvette de nidification profonde de quelques centimètres. Enfin, la porte de contrôle doit être disposée de telle manière que la femelle puisse se retirer par le trou d'envol sans être gênée. L'Inséparable à tête grise est très exigeant vis-à-vis des matériaux de nidification. Il utilise rarement les habituels copeaux d'écorce de saules. Il préfère des lanières de feuilles de rhododendrons (voir dessin page 25). Comme l'Inséparable à face rose et l'Inséparable d'Abyssinie, il transporte les matériaux dans son plumage.

Contrairement à ce que l'on observe dans la nature, les oiseaux captifs pondent souvent jusqu'à 6 œufs, mais, généralement, les jeunes ne sont pas tous élevés par les parents. La couvaison dure 21 jours environ et les jeunes restent au nid pendant 6 semaines.
Mutations : On connaît quelques cas isolés de mutations, mais celles-ci n'ont pas pu être fixées.

Les mutants jaune pastel de l'Inséparable de Lilian sont très rares et très beaux.

Avec 13 cm de long, l'Inséparable de Lilian est le plus petit de tous les inséparables.

Inséparable de Lilian *Agapornis lilianae*

Difficulté : Déconseillé aux débutants. Cette espèce doit être réservée aux amateurs expérimentés ayant des projets d'élevage.

Description : Comme chez les autres inséparables à contour de l'œil blanc, il est impossible de différencier les sexes par leur aspect extérieur. Le corps est vert, tandis que la gorge, les joues, le front et la calotte sont rouge orangé à rouge framboise. Cette coloration englobe largement les yeux. L'arrière de la tête et la nuque sont vert olive clair. Le dos et les ailes sont plus foncés que le ventre. Détail important, le croupion vert présente de rares traces de bleu, ce qui permet de supposer que cette espèce doit compter des inséparables de Fischer ou des inséparables masqués parmi ses ancêtres. Avec ses 13 cm de long, c'est le plus petit de tous les inséparables.

Origine : L'aire de répartition de l'espèce commence à l'est des chutes Victoria et suit le cours du Zambèze vers l'aval ; vers le nord, elle s'étend jusqu'au Luangwa, un grand affluent du Zambèze. L'Inséparable de Lilian est très lié à l'eau : on le trouve essentiellement le long des cours d'eau, non seulement en Zambie, mais aussi au Malawi et au Mozambique.

Vie en captivité : L'Inséparable de Lilian ne devrait pas être considéré comme un oiseau de cage, car le nombre d'animaux d'élevage est encore trop faible pour fournir un marché non destiné à la reproduction. L'importation des oiseaux serait irresponsable, car les populations sauvages ne sont pas très importantes et l'acclimatation de cette espèce ne se fait pas sans de nombreuses pertes. Pour la vie en captivité, l'espèce requiert les mêmes conditions que l'Inséparable à joues noires.

Élevage : La reproduction se déroule de la même manière que chez les autres espèces à contour de l'œil blanc. Pour garnir le nid, les adultes utilisent surtout des matériaux fins et très petits. Les copeaux d'écorce sont plus petits et plus courts. Les oiseaux utilisent également les chaumes des graminées. La ponte est grande et comprend souvent jusqu'à 6, voire 7 œufs. Les jeunes naissent au bout de 21 jours ; leur développement est comparable à celui des jeunes inséparables à joues noires. Dès la septième semaine, ils ont adopté leur alimentation définitive. Si les adultes ne démarrent pas une nouvelle nichée, laissez-les aussi longtemps que possible avec les jeunes, le comportement social de ces derniers s'en développera d'autant mieux.

Mutations : La première mutation colorée (« Lutinos ») apparut aux Etats-Unis. Dans le cas des oiseaux bleus ou jaunes, il est

Page de droite : L'Inséparable à tête rouge se reproduit très rarement en captivité et seuls les spécialistes obtiennent des résultats. Les jeunes se reconnaissent à leur face plus claire et à leur bec sombre.

nécessaire d'entreprendre des recherches généalogiques : souvent, les ancêtres de ces oiseaux sont des hybrides d'inséparables de Fischer ou d'inséparables masqués. Dans notre élevage, deux individus jaune pastel naquirent en 1992 d'un couple de coloration normale qui, jusque-là, nous avait donné trois nichées de jeunes normalement colorés. Une recherche généalogique sur les trois générations précédentes nous confirma qu'aucun de leurs ancêtres n'avait présenté de coloration atypique.

Inséparable à tête rouge *Agapornis pullarius*

Difficulté : À déconseiller absolument aux débutants : même les éleveur expérimentés considèrent cette espèce comme difficile à entretenir !

Description : La couleur générale est un vert vif. Le front et la gorge sont rouge orangé, avec une intensité variable. Le bec est couleur corne à rouge clair. La différence d'intensité du masque rouge orangé (souvent plus clair chez les femelles) n'est pas un critère sûr pour distinguer les sexes. En revanche, le dessous des ailes est noir chez le mâle et vert chez la femelle. Les plumes de la queue (rectrices) sont ornées de bandes rouges que l'on n'aperçoit que lorsque l'oiseau étale sa queue. Long de 14 cm, l'Inséparable à tête rouge est l'une des plus petites espèces.

Origine : L'Inséparable à tête rouge occupe une aire de répartition très vaste, qui s'étend d'ouest en est sur 5 600 km à travers tout le Sahel, depuis le Sénégal jusqu'à L'Éthiopie. Vers le sud, elle inclut l'Ouganda, l'ouest de la Tanzanie et le centre du continent jusqu'à la pointe nord de l'Angola. L'Inséparable à tête rouge recherche les savanes herbeuses parsemées de fourrés et de bosquets, la savane épineuse et la savane arborée, ainsi que les plantations dans les régions habitées. Son comportement reproducteur dans la nature complique l'élevage planifié de ces oiseaux extraordinairement beaux. En effet, ils font leur nid à l'intérieur des termitières, de préférence celles des termites arboricoles. Pour cela, ils creusent dans la termitière un couloir plus ou moins long terminé par une chambre de nidification. L'avantage est qu'il y règne une température relativement stable.

Vie en captivité : Les meilleures conditions de vie en captivité sont obtenues dans des petites volières à l'intérieur de pièces chauffables. Pour la reproduction, un seul couple doit occuper la volière. Pour la nuit, les oiseaux aiment bien se percher sur des

Inséparable à collier noir, d'après une huile de Bruno Regler.

petites branches juste sous le toit de la volière. Leur alimentation est beaucoup moins variée que celle des autres espèces. Comme pour l'Inséparable d'Abyssinie, la proportion de fruits et de baies doit être importante. Les figues sont particulièrement appréciées et le millet des oiseaux doit être disponibles en permanence.
Élevage : Jusqu'à présent, très peu de spécialistes ont réussi à faire se reproduire des inséparables à tête rouge. La raison principale en est le comportement reproducteur de cette espèce, décrit plus haut. Des nichoirs allongés et complètement remplis de tourbe ou de plaquettes de liège se sont avérés efficaces, car les oiseaux peuvent y creuser leur couloir, condition indispensable à la reproduction. D'autres matériaux comme l'argile, le polystyrène ou la mousse des fleuristes n'ont pas donné de résultats. La ponte compte généralement 4 œufs, couvés pendant 22 jours environ. Les jeunes quittent le nid vers l'âge de 40 à 45 jours et n'y retournent pas. Les maigres résultats de la reproduction en captivité ne contribuent pas à augmenter les populations d'élevage.
Mutations : Les mutations constatées jusqu'à présent n'ont pas été prouvées avec certitude et n'ont pas pu être fixées.

Inséparable à collier noir *Agapornis swindernianus*

Difficulté : Jusqu'à présent, on n'est pas parvenu à acclimater cette espèce. Il serait irresponsable d'effectuer de nouvelles tentatives tant que les recherches sur le terrain n'auront pas permis de mieux connaître les besoins et le mode de vie de cet inséparable.
Origine : L'Inséparable à collier noir se distingue des autres espèces par les milieux naturels qu'il fréquente, à savoir les forêts tropicales humides qui s'étendent du Liberia jusqu'en Ouganda en passant par le centre de l'Afrique. Un tel milieu complique considérablement les observations. Il semble que cet inséparable se nourrisse surtout de figues. Faute d'informations suffisantes, nous n'aborderons pas la vie en captivité, l'élevage et les mutations de couleurs.

Les questions à se poser avant l'achat

Lorsque l'on achète un animal de compagnie (quelle que soit l'espèce) il faut s'informer sur les besoins de vos futurs protégés avant et non après l'achat.

Avant l'achat, posez-vous les questions suivantes :

- Ai-je suffisamment de temps à consacrer à mes oiseaux ?
- Ai-je de la place pour une volière ou une cage ?
- Suis-je prêt à assumer tous les jours les tâches que sont le nourrissage, le nettoyage et les soins ?
- Qui s'occupera de mes oiseaux en mon absence ?
- Suis-je prêt à supporter les dépenses que cela représente ?

S'informer avant tout

Si vous êtes décidé à acquérir des inséparables et que la question du logement est réglée, il existe divers moyens de vous informer. En librairie ou dans les oiselleries, vous trouverez des guides pratiques bon marché consacrés à l'élevage des oiseaux, très utiles la plupart du temps. Recherchez autour de vous une personne possédant une expérience des

En avant pour de nouvelles aventures.

Les inséparables à tête rouge sont à réserver aux spécialistes.

La Directive européenne du 1er juin 1997 impose d'identifier individuellement chaque oiseau au moyen d'une bague ou d'une micropuce numérotée. En ce qui concerne les jeunes nés chez vous, la pose d'une bague fermée vous permettra de prouver leur origine légale. Certaines associations fournissent des bagues et peuvent vous conseiller. Dans tous les cas, vous devez être en mesure de prouver l'origine légale de vos oiseaux (permis d'importation, contrat de vente, bague, etc.).

inséparables. Demandez à cette personne combien de temps elle consacre chaque jour à ses oiseaux. Demandez à vos proches ou à vos voisins s'ils peuvent s'occuper de vos oiseaux pendant les vacances ou si vous tombez malade. Si, près de chez vous, il y a un éleveur d'inséparables ou une association dédiée à ces oiseaux, ils pourront vous fournir une information très complète, surtout si vous souhaitez vous consacrer à la reproduction de vos oiseaux.

Autre question importante, quel est l'oiseau qui vous convient le mieux ? Vouliez-vous élever depuis longtemps des perroquets, mais vous pensez manquer de place, de temps et d'argent ? Alors, les inséparables sont les oiseaux qu'il vous faut !

Les inséparables présentent le comportement typique des perroquets – en miniature. Une cage de dimensions suffisantes peut très bien être installée dans une pièce, alors que les grands perroquets ont besoin au moins d'une volière d'appartement. Les soins quotidiens ne posent pas de problèmes et ne prennent pas beaucoup de temps. Même les enfants et les personnes âgées peuvent s'en occuper. La détention d'un couple

Les inséparables aiment le contact avec leur famille humaine.

étant fortement recommandée, il suffit de leur consacrer un peu de temps le soir, surtout si votre travail vous éloigne toute la journée. Pendant ce temps, les oiseaux satisferont leur besoin de contacts sociaux avec leur congénère. Les inséparables sont très sociables et très curieux et explorent chaque recoin de leur environnement. Toute modification sera l'objet de leur attention, tout objet nouveau sera inspecté. L'ennui ne s'installe jamais, ni chez les oiseaux, ni chez les humains. La diversité des espèces, les centaines de mutations et combinaisons de couleurs permettent au futur propriétaire de satisfaire ses goûts personnels lors du choix des oiseaux.

Les **mutations** sont des modifications de coloration apparues spontanément au sein des espèces. Ces mutations sont d'origine génétique et les individus concernés, ou mutants, transmettent leur mutation à leurs descendants.

Les **combinaisons** sont issues du croisement artificiel de deux individus mutants appartenant à la même espèce, ce qui permet d'élargir la gamme de couleurs au sein de chaque espèce.

Oiseau solitaire ou couple ?

Comme nous l'avons déjà dit, détenir un inséparable solitaire devrait être l'exception. Dans tous les cas, il est préférable d'adopter un couple. Un oiseau solitaire n'est envisageable que si son propriétaire peut et souhaite remplir le rôle du partenaire, ce qui implique de consacrer plusieurs heures par jour à votre compagnon.

Les personnes les mieux à même de répondre à cette exigence sont les personnes seules et âgées, déjà retraitées. Car, même si vous avez la possibilité de passer une heure par jour avec votre inséparable, il ne faut pas oublier que l'oiseau a besoin de ce contact tout au long de sa vie, jour après jour. Précisons qu'un inséparable solitaire deviendra vraisemblablement plus familier et plus attaché à son soigneur. Mais celui-ci a en retour une responsabilité accrue envers son oiseau et ses besoins.

Si l'on vit en famille, alors il vaut mieux se décider pour un couple. En raison des activités familiales, les oiseaux se retrouveront seuls non seulement pendant la journée, mais aussi parfois le soir et les week-ends. Les oiseaux ont alors la possibilité de rechercher le contact de leur congénère. De même, les couples ou les groupes ont leurs avantages pendant les vacances : si l'on doit les confier à une pension, ils y seront accompagnés de leur partenaire familier.

À SAVOIR

Consacrez autant de temps que possible à vos « lutins », ils vous en remercieront à leur manière.

Le nombre d'espèces et de mutations colorées font des inséparables un groupe d'oiseaux très bigarré.

Dans ces pages, le mot « couple » ne désigne pas nécessairement l'association d'un mâle et d'une femelle. Deux oiseaux du même sexe peuvent également se montrer très sociables l'un envers l'autre, et les querelles éventuelles n'ont rien à voir avec l'appartenance sexuelle des oiseaux. Les couples « normaux » se disputent aussi. Chez tous les inséparables, la détermination des sexes est difficile car, à quelques exceptions près, les couples ont la même coloration.

Les exigences des inséparables

Page de droite : Une grande volière offre les conditions de vie optimale à ces oiseaux très vivants que sont les inséparables.

Bien que les inséparables n'exigent pas autant de soins que d'autres oiseaux (comme les loris dont la nourriture est très spécialisée) leurs besoins de base sont une alimentation équilibrée et un logement propre et aussi grand que possible.

La propreté de la cage est une des exigences les plus importantes pour qui élève des oiseaux. La plupart des cages du commerce possèdent un fond en plastique et un tiroir à sable qui facilite le nettoyage. Au moins une fois par semaine (mais cela dépend du nombre d'oiseaux) changez complètement la litière qui remplit le fond. Pour cela, le bon vieux sable à oiseaux ou les matériaux plus récents, de plus en plus prisés pour leur pouvoir d'absorption (granulés de hêtre ou rognures de maïs), ont fait leurs preuves. De même, nettoyez à fond régulièrement le fond et le tiroir à sable, ce qui diminue les risques d'infection pour les oiseaux comme pour le soigneur.

Les inséparables adorent se baigner. Il faut en permanence mettre à leur disposition de l'eau dans laquelle ils puissent se baigner, et la renouveler souvent. La baignade est nécessaire à leur bien-être et permet, par ailleurs, d'améliorer l'état du plumage et de réduire les poussières de plumes.

Chez un couple, les jouets sont inutiles, voire néfastes. Dans tous les cas, n'introduisez jamais de miroir ni d'oiseau en plastique dans la cage. Les oiseaux ne savent pas reconnaître leur reflet et le considèrent comme un rival. L'oiseau attaque alors son reflet et s'excite inutilement. Les oiseaux en plastique et autres jouets de la même matière

Important

À long terme, un miroir installé dans la cage provoque des troubles psychiques chez les oiseaux, car ceux-ci sont incapables de reconnaître leur reflet. Celui-ci est parfois considéré comme un rival et provoque un comportement agressif, ou comme un partenaire sexuel avec lequel l'oiseau tente alors de s'accoupler. Toutes ces tentatives vouées à l'échec créent un stress durable chez l'oiseau. Les miroirs doivent donc être interdits !

Jouets pour les inséparables

Mauvais	Bon
- Miroir	- Corde en chanvre
- Pièces en plastique	- Bois dur
- Oiseaux en plastique	- Branches fraîches

sont plus nocifs qu'utiles, car le plastique ne résiste pas longtemps au bec puissant des oiseaux, qui risquent d'en avaler des morceaux. L'issue peut être fatale. Proposez plutôt aux oiseaux des cordes en chanvre épaisses et solidement tressées, qu'ils exploreront et rongeront avec un plaisir croissant, ou bien qu'ils utiliseront pour se percher. Sinon, proposez leurs divers objets en bois dur à ronger. Les matériaux doivent être le plus naturels possible afin de ne pas blesser les oiseaux ou les rendre malades. Les inséparables apprécient particulièrement les branches fraîchement coupées, qu'ils rongent souvent. Parfois, ils en détachent aussi l'écorce. Chez certaines espèces, cela correspond à leur comportement naturel en période de reproduction. Veillez à ce que les branches n'aient pas été traitées avec des pesticides ou autres substances toxiques.

Cages et volières adaptées aux inséparables

Le type de logement le plus courant est la cage, mais une volière d'appartement ou de jardin conviennent tout aussi bien. Le choix définitif dépend de vos finances et de la place disponible, mais aussi de vos goûts personnels. Dans tous les cas, cette question doit être résolue avant l'achat des oiseaux. Leur nouveau logis doit leur offrir un espace suffisant : cage ou volière, leur logement ne sera jamais trop grand.

Pour deux inséparables, on peut recommander une cage à oiseaux de 100 cm de long, 50 cm de haut et de 50 cm de large. Évitez les modèles à barreaux verticaux : une cage destinée à des perroquets ou des perruches doit posséder des barreaux horizontaux afin que les oiseaux puissent grimper sans se blesser ni endommager leur plumage en glissant vers le bas. Une bonne cage doit être carrée ou rectangulaire. Les cages rondes sont une véritable torture, car les oiseaux n'ont pas de repères pour s'orienter. D'ailleurs, les animaleries sérieuses n'en proposent plus. Le matériau dont est fait la cage est de la plus grande importance pour les inséparables : des barreaux gainés de plastique ne résistent pas longtemps à leurs becs. La cage prend rapidement un aspect déplorable, les surfaces dégarnies risquent de rouiller et, surtout, les bouts de plastique sont dangereux pour les oiseaux.

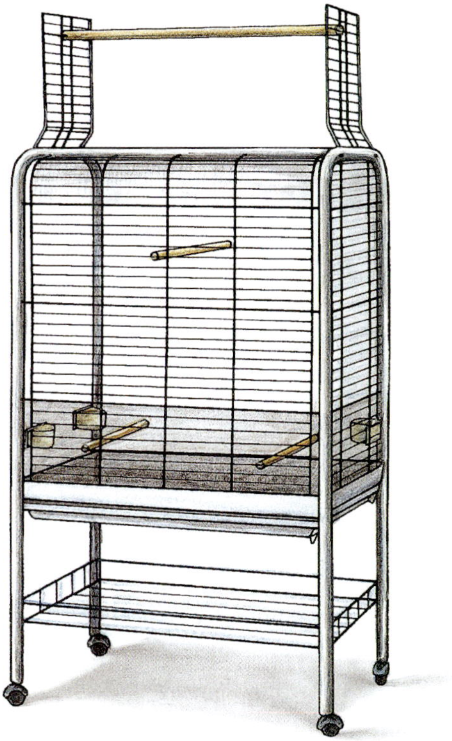

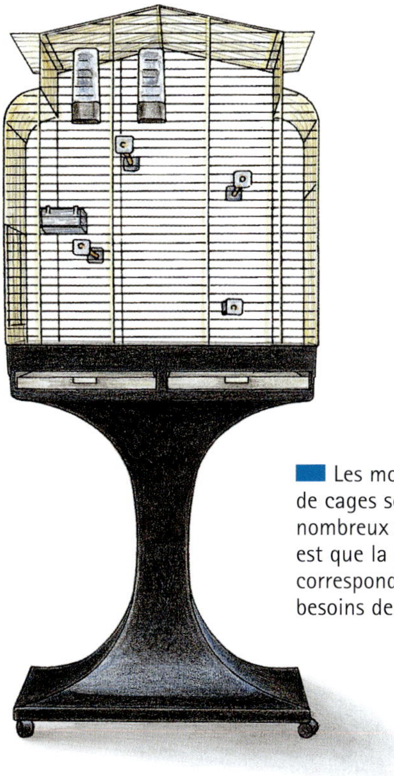

Les modèles de cages sont très nombreux : l'essentiel est que la cage corresponde aux besoins des oiseaux.

Une fois la cage achetée, il faut maintenant l'installer dans l'emplacement le plus propice. La cage doit être située à la lumière, mais pas en plein soleil, afin que les oiseaux puissent toujours se réfugier à l'ombre.

Dans tous les cas, évitez l'emplacement classique sur le rebord de la fenêtre si un radiateur est directement placé en dessous de celle-ci. Dès que le chauffage est mis en marche, un courant d'air chaud, à peine perceptible pour les humains, se met à monter vers le haut. L'air chaud dessèche la peau des oiseaux, entraînant une tension de la peau qui pousse les oiseaux à se nettoyer beaucoup plus souvent. Il en résulte des irritations cutanées qui, dans le pire des cas, provoquent la chute des plumes.

Si l'on de dispose pas d'emplacement à hauteur convenable, on peut toujours accrocher la cage au plafond par une chaîne suspendue à un crochet. On trouve toutes sortes de chaînes, de formes et de couleurs variées. Ce système est également très pratique pour passer l'aspirateur et nettoyer le sol. De plus, les

Les volières d'intérieur conviennent très bien aux inséparables.

oiseaux ne doivent pas être exposés aux courants d'air, susceptibles de causer des refroidissements chroniques, voire, à long terme, d'entraîner leur décès. La cuisine est à exclure : les oiseaux n'aiment pas les vapeurs de cuisson ; d'autre part, si vous laissez voler vos oiseaux librement, il ne faut pas sous-estimer le risque que ceux-ci « atterrissent dans la soupe ».

Pour élever vos inséparables, une solution encore meilleure est la volière d'appartement, dont les dimensions minimales doivent atteindre 100 x 100 x 150 cm (mais, en hauteur, il n'y a pas de limitation). Dans les animaleries, on trouve des volières très convenables et d'un prix abordable. On peut aussi s'en faire construire sur mesure. Les contraintes concernant les dispositions et l'emplacement de la volière sont les mêmes que pour une cage.

À SAVOIR

L'idéal est de placer la cage à peu près **à hauteur des yeux** du soigneur. Si la cage est placée trop bas, les êtres humains apparaissent immenses depuis l'intérieur et le comportement des oiseaux trahit la peur.

Les bricoleurs peuvent aussi construire eux-mêmes leur volière. Si vous choisissez une construction en bois, n'oubliez pas que les inséparables ont un grand besoin de ronger avec le bec. Le grillage doit donc être tendu et fixé à l'intérieur du cadre, afin que les oiseaux ne puissent détériorer les fondations de leur logis. Avec des éléments en aluminium, de plus en plus fréquents en magasin depuis quelques années, ces considérations n'ont plus lieu d'être.

Il peut être pratique de monter votre volière sur roulettes : ainsi, il est facile de la déplacer dans l'appartement. En cas de beau temps, on peut même l'installer de temps à autre sur le balcon ou la terrasse. Mais gare à l'exposition directe au soleil. Couvrir la volière avec une couverture est fortement déconseillé, car les oiseaux risquent de succomber à un coup de chaleur.

Les inséparables apprécient beaucoup les volières de jardin indépendantes. Avec une volière assez grande, vous pouvez même élever toute une bande. Si les oiseaux doivent y séjourner toute l'année, il est indispensable de prévoir un abri susceptible d'être chauffé. À l'intérieur de celui-ci, la température ne doit jamais être inférieure à 10 °C afin de pourvoir au bien-être des oiseaux pendant la saison froide. L'idéal est un abri muré avec un sol en béton qui interdira l'entrée aux visiteurs indésirables. Pour la volière elle-même, on peut ici aussi choisir entre le bois et le métal, mais le grillage devra toujours être doublé.

Mutation bleue de la forme tachetée de l'Inséparable à face rose.

Selon l'espace dont vous disposez, vous pouvez aussi construire une volière sans abri dans la cave ou dans les combles. Il vous faudra bien sûr assurer l'éclairage et l'aération corrects des lieux. Ce type d'emplacement est particulièrement indiqué si vous souhaitez vous essayer à l'élevage de ces petits oiseaux si vifs.

Les inséparables détenus hors de l'espace familial ou à l'extérieur ne deviennent pas aussi apprivoisés et perdent quelque peu de leur familiarité envers leur soigneur. Si vous

Les volières extérieures s'insèrent très bien dans l'aménagement général du jardin.

souhaitez des oiseaux très familiers et très attachés à vous, la volière de jardin ou la détention dans une pièce de service sont contre-indiqués. En revanche, si vous désirez posséder une bande d'oiseaux colorés ou un simple couple en vue de démarrer un élevage, seule la volière est envisageable.

Important

Un grillage double protège les oiseaux des prédateurs tels que les fouines, les éperviers ou les chats. Placée entre les différents compartiments de la volière, il tient les oiseaux rivaux à distance et les empêche de se mordre.

Quel que soit le type de logement, les accessoires ont aussi leur importance. Nous avons déjà évoqué le sol et la litière. D'une manière générale, les accessoires ne doivent pas être ne plastique. Les perchoirs seront en bois ou, encore mieux, procurez-vous des branches d'arbres qui viennent d'être taillés. Disposez des perchoirs de diamètres variés, afin de solliciter la musculature des oiseaux et d'éviter une croissance excessive des griffes. Sachez que les doigts de l'oiseau ne doivent pouvoir enserrer que les deux tiers du diamètre de la branche. Les perchoirs doivent être remplacés régulièrement, ce qui ne pose pas trop de problèmes si vous avez choisi des branches.

Dans les animaleries, vous trouverez un grand choix de

récipients destinés à l'eau et à la nourriture. Mais, au moment dc choisir, n'oubliez pas que vos inséparables ont un bec puissant. Les petits bols métalliques sont particulièrement indiqués. Il en existe de toutes tailles, avec des dispositifs de fixation variés. Ce type de bol est facile à nettoyer et à désinfecter, de même que les bols en céramique ou les écuelles en terre cuite, vernies à l'intérieur.

Le renouvellement quotidien de l'eau et de la nourriture vont de soi lorsque l'on élève des oiseaux.

Important

La règle de base pour les perchoirs : les doigts de l'oiseau ne doivent pouvoir enserrer que les deux tiers du diamètre du perchoir.

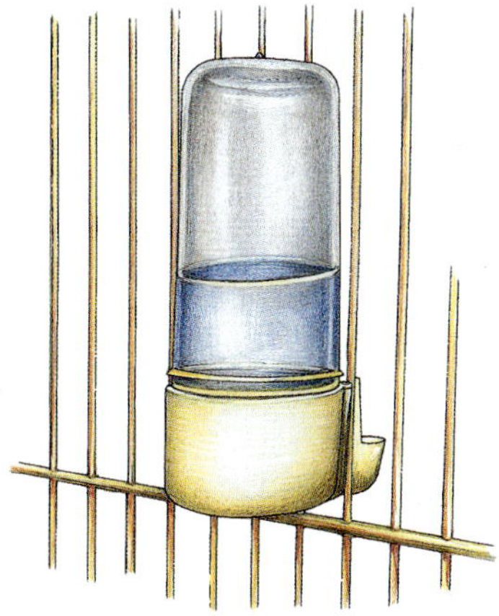

Les abreuvoirs en plastique sont moins appropriés que les bols métalliques.

Où acheter des inséparables ?

Après vous être décidé pour une ou plusieurs espèces, adressez-vous à l'animalerie ou à l'oisellerie la plus proche. Les vendeurs consciencieux répondront avec plaisir à vos questions et ne chercheront pas à vous faire acheter une autre espèce à tout prix.

Lors de l'achat, assurez-vous que l'on vous fournisse un certificat de vente sur lequel doivent figurer la date de naissance de l'oiseau, le nom d'espèce et le sexe (s'il est connu), ainsi que l'adresse du vendeur. Achetez de préférence un oiseau porteur d'une bague fermée indiquant l'année de naissance de l'oiseau, le numéro d'agrément de l'éleveur et le numéro d'identification de l'oiseau.

Si, avant l'achat, on connaît déjà des adresses d'éleveurs agréés, il est intéressant de comparer. Les éleveurs ne fournissent pas toujours des inséparables toute l'année, cela dépend du nombre de couples qu'ils possèdent ainsi que de l'espace disponible. Mais vous aurez au moins la possibilité de voir les parents et de commander vos oiseaux à l'avance, si vous êtes prêt à patienter jusque-là. Demandez à l'éleveur si vous pouvez rendre visite aux oiseaux pendant la reproduction. Peut-être même pourrez vous déjà voir les petits au nid. Ainsi, le lien avec vos futurs compagnons s'établira avant même

Attention !

Même les petits élevages amateurs sont réglementés. Vous devez pour cela vous procurer un Certificat de capacité catégorie « élevage » auprès de la Direction des Services Vétérinaires de votre département. Il vous faudra faire la preuve de votre capacité à vous occuper des oiseaux. Les services vétérinaires sont susceptibles de contrôler à tout moment votre élevage.

qu'ils ne s'installent chez vous. De plus, l'éleveur pourra vous conseiller plus tard en cas de problème, et peut-être pourra-t-il prendre vos oiseaux en pension pendant les vacances contre une petite participation financière.

Souvent, vendeurs et éleveurs présentent leurs oiseaux au cours de foires animalières. Dans ces manifestations, on peut observer un nombre relativement important d'oiseaux, ce qui facilite les comparaisons. Ces foires sont autant d'occasion d'entrer en contact avec des éleveurs. De même, les expositions vous permettront d'admirer une grande variété d'oiseaux et de rencontrer des éleveurs susceptibles de vous informer.

Ces deux oiseaux font un petit somme.

Le transport

Enfin, vous avez trouvé et acheté vos nouveaux compagnons ; maintenant il vous faut les ramener chez vous. Le plus important est d'épargner les stress inutiles à vos oiseaux. Si vous les avez achetés dans une animalerie, le vendeur les installera dans une boîte en carton de dimensions convenables, percée de trous de respiration. Chaque oiseau doit être transporté séparément dans une boîte individuelle, afin d'éviter les morsures dues à la promiscuité. Si vous avez un long trajet à effectuer, vérifiez régulièrement vos cartons, car les oiseaux rongent les orifices de respiration et les endommagent rapidement.

L'idéal est de se procurer une caisse en bois avant l'achat. Ces caisses sont beaucoup plus stables. On en trouve différents modèles dans les magasins d'accessoires. La caisse doit être divisée en plusieurs compartiments. Les caisses les plus adaptées ont une porte coulissante sur la paroi postérieure, tandis que la paroi antérieure est couverte d'un grillage à petites mailles. Celui-ci permet à l'air et à la lumière de pénétrer à l'intérieur. Bien entendu, avec un peu d'adresse et d'outillage, on peut fabriquer soi-même ces caisses. Moins la caisse est haute, moins les oiseaux risquent de se blesser, mais ils doivent pouvoir se déplacer.

En revanche, une cage est beaucoup moins stable : pendant le trajet, les mouvements de la cage obligent les oiseaux à rétablir leur équilibre en permanence. Ils finissent par s'agripper fortement au perchoir ou (ce qui est plus vraisemblable) par voleter en tous sens, au risque d'endommager leurs plumes. En même temps, l'oiseau perd confiance dans la cage qui est censée lui servir d'abri. Conséquence : n'utilisez jamais la cage de l'oiseau pour le transporter, même chez le vétérinaire !

À SAVOIR

Il est déconseillé de transporter l'oiseau que vous venez d'acquérir dans la cage qui lui est destinée. La situation le rend déjà nerveux : dans une cage inconnue, l'oiseau panique immédiatement.

Habituation et soins quotidiens

Page de droite : Les inséparables d'Abyssinie sont des oiseaux superbes.

Une fois la cage ou la volière correctement installée et équipée, les oiseaux doivent être familiarisés avec ménagement à leur nouvel environnement.

Rien n'est à l'abri de la curiosité des inséparables.

Habituation au nouveau logement

L'habituation commence avec l'installation des oiseaux dans la cage ou la volière. Si les oiseaux ont été installés dans des boîtes en carton séparées pour le transport, ouvrez prudemment l'un des côtés du carton et placez celui-ci sur le sol de la volière. Ainsi, les inséparables ont la possibilité de sortir de la boîte par leurs propres moyens et quand ils le désirent. Malgré votre excitation, vos oiseaux ont besoin du plus grand calme possible pendant ces moments. Observez à distance ce qui se passe. Essayez de réfréner votre curiosité. Surtout, ne secouez jamais la boîte pour en faire sortir l'oiseau. Procédez de la même manière si les inséparables se trouvent dans des caisses en bois et placez simplement la caisse dans la volière. Une fois que les oiseaux ont quitté la caisse, laissez-la quelque temps à sa place afin de ne pas les effrayer.

Si vous avez une cage, la caisse ne passera pas par la porte. Vous devrez alors placer l'arrière de la caisse contre l'ouverture de la cage et relever lentement la porte coulissante. Attendez que les oiseaux sortent de leur propre gré. Une fois la cage refermée, observez vos nouveaux pensionnaires à distance les premiers temps.

Les premiers temps, déplacez-vous lentement lorsque vous êtes près de la cage et approchez vous très calmement des oiseaux afin de ne pas les effrayer. Nourrissez-les autant que possible à heure fixe. Les inséparables apprennent vite à connaître leur soigneur et sauront vite pourquoi vous vous

Les inséparables volent avec adresse. Ici, un inséparable masqué bleu.

approchez d'eux à ce moment de la journée. Au cours du premier mois, ne laissez pas vos oiseaux voler librement dans l'appartement, car ceux-ci ont besoin de cette durée pour s'habituer à leur nouvel environnement et pour accepter la cage comme territoire. Simultanément, ils apprennent également à connaître les membres de la famille et l'on peut même les familiariser avec les animaux domestiques déjà présents, comme un chien ou un chat.

À SAVOIR

Le mieux est de laisser d'abord les oiseaux seuls pendant quelque temps. Ainsi, ils peuvent s'habituer à leur nouvel environnement et peuvent inspecter leur nouveau logement.

Comprendre vos inséparables

Pendant la période où les inséparables s'habituent à leur nouveau logement, ils manifestent toute une série de comportements qui renseignent le soigneur sur leur bien-être. Après une courte phase d'habituation aux lieux, les perchoirs seront les premiers testés. Les oiseaux préfèrent les perchoirs élevés, d'où ils peuvent observer « le reste du monde » d'en haut. Cela leur procure en outre un sentiment de sécurité. Tous les individus voulant occuper les perchoirs les plus élevés, cela entraîne souvent des disputes. Pas de panique, ils régleront ça entre eux et, au bout de quelques instants, le calme reviendra. On observe également ce comportement chez presque tous les perroquets sauvages, lorsqu'ils cherchent des branches où se reposer pour la nuit. Dans la volière comme dans la nature, cela commence par une grande agitation, les oiseaux ne cessant de changer de place jusqu'à ce que chacun ait conquis la place qui lui paraît la meilleure.

Une fois passée l'excitation initiale, les oiseaux commencent à explorer la cage. En peu de temps, les points faibles seront découverts et testés. Ainsi, tous les bols en plastique vendus avec les cages à oiseaux (et totalement inadaptés) seront rapidement décrochés, retournés et soumis à des tests de résistance.

Si vos inséparables se mettent à ronger les perchoirs ou les branches naturelles ou s'ils s'intéressent rapidement à la nourriture, ce sont des signes indubitables qu'ils se sentent bien. Dans les phases d'inaction, les inséparables se reposent sur une patte, le plumage légèrement ébouriffé et, souvent, la tête repose sur le dos et les yeux sont légèrement fermés. Dans cette attitude, ils perçoivent encore leur environnement. Ils ne dorment vraiment que lorsque leurs yeux sont complètement fermés. À ce moment, ils ne réagissent plus à la voix ni aux appels.

À SAVOIR

Un oiseau qui dort sur une patte est un oiseau qui se sent bien ; en revanche, un oiseau qui dort sur deux pattes et qui a un plumage ébouriffé est à coup sûr mal à l'aise, voire malade. Enfin, si l'oiseau, plumes ébouriffées, reste posé sur le sol sur ses deux pattes et n'en bouge pas, emmenez-le immédiatement chez le vétérinaire !

Si les oiseaux sont effrayés par quelque chose ou s'ils sont excités, ils s'étirent de manière inhabituelle vers le haut. Ils paraissent alors très minces et semblent deux fois plus longs que d'habitude. Ils manifestent leur mécontentement par des cris bruyants. Selon le type de cri et son intensité, on peut deviner si l'oiseau est effrayé et cherche à avertir ses

Pour un oiseau solitaire, l'attachement aux membres de la famille est d'une importance cruciale.

congénères d'un danger éventuel, s'il communique son humeur ou bien s'il cherche simplement à maintenir le contact avec ses partenaires.

Quand les oiseaux se perchent solidement et battent rapidement des ailes, ils exercent leurs muscles et laissent libre cours à leur besoin de voler. Lorsqu'ils sont suffisamment apprivoisés et habitués à leur environnement immédiat, ce comportement peut signifier au soigneur qu'il est temps de les laisser voler librement.

Les petits perroquets volent très bien et ils effectueront devant vous des manœuvres aériennes étonnantes. Les inséparables préfèrent voler plutôt que grimper, contrairement aux perruches amazones, qui ont la même forme mais sont nettement plus grandes. Si vos inséparables courent en tous sens, c'est également signe qu'ils ont besoin de voler.

Les inséparables possèdent un langage corporel très riche. Par exemple, s'ils n'ont pas la possibilité de se baigner et que l'heure est venue pour eux de prendre un bain, ils le manifestent clairement : ils essayent de grimper dans l'abreuvoir, mouillent les plumes du front à l'entrée de celui-ci ou projettent sur leur dos les gouttes qui pendent au bout du bec. Souvent, ils expriment l'envie de se baigner en étalant les ailes au-dessus de leurs pattes ou en prenant une pose légèrement inclinée en avant, ailes pendantes, juste à proximité de l'eau de boisson. Certains oiseaux aiment qu'on les asperge délicatement d'eau tiède à l'aide d'un vaporisateur manuel. Ils prennent la pose caractéristique à la seule vue du vaporisateur.

Ne forcez jamais un oiseau à sortir de sa cage s'il ne sort pas de son propre gré. Même les individus qui aiment voler dans l'appartement se retirent dans la cage s'ils ne veulent pas être dérangés. N'approchez pas non plus la main trop près car, dans ce cas, les inséparables défendent leur territoire, y compris envers les personnes familières, qui seront menacées voire pincées d'un rapide coup de bec.

Selon une croyance répandue, les couples sont fidèles à vie et, après la mort d'un oiseau, son partenaire meurt de chagrin. Une telle affirmation est très exagérée. Si vous possédez un groupe d'inséparables, vous constaterez parfois des changements de partenaires. Même après la mort du partenaire, l'oiseau survivant cherchera à se lier à un autre membre du groupe. La situation est plus délicate si vous n'élevez qu'un seul couple : vous devrez absolument trouver un remplaçant. En général, le sexe du nouveau-venu est sans importance, c'est la compagnie qui compte.

Lorsqu'un nouveau-venu est introduit, le comportement des oiseaux indique clairement si le nouveau partenaire est accepté. Si c'est le cas, les premières tentatives de rapprochement suivront bientôt. Un des oiseaux demande alors à l'autre de nettoyer son plumage en lui présentant sa tête inclinée, et l'oiseau sollicité répond en lui grattant le cou.

Cet inséparable d'Abyssinie répond avec plaisir à la sollicitation de son partenaire.

Premier vol libre

Lorsque les oiseaux sont habitués depuis longtemps, que la cage est reconnue comme un refuge et que tous les membres de la famille sont connus, on peut tenter le premier vol libre dans l'appartement. Fermez les fenêtres et les portes de la pièce pour éviter que les oiseaux ne visitent tout l'appartement, car ils finiraient par être désorientés.

Si vous avez préparé un arbre à oiseaux bien ramifié, placez-le tout près de la cage ou de la volière afin que les oiseaux aient un endroit où se rendre. Il est recommandé de s'y prendre quelques jours à l'avance, afin que les oiseaux se familiarisent avec l'arbre. Une fois que tous les précautions ont été prises, vous pouvez enfin ouvrir la porte de la cage. Il vaut mieux vivre ce grand moment un peu à l'écart, dans un lieu où vous pourrez attendre au calme et observer les événements. Certains oiseaux se précipiteront sûrement hors de la cage, mais la plupart resteront à l'intérieur pour évaluer la situation. Naturellement curieux, ils s'approcheront de l'ouverture et, au bout de quelques minutes, grimperont sur la porte relevée à l'horizontale.

Le premier vol, un instant plein d'émotion.

Il est important que la porte se relève horizontalement, car les oiseaux s'en servent souvent pour se poser avant de rentrer dans la cage. La plupart des cages vendues dans le commerce ont une porte qui forme un angle droit avec la cage. Si ce n'est pas le cas de la vôtre, vous pourrez y parer à l'aide d'une petite astuce. À l'aide d'une pince à linge en bois (que vous devrez remplacer souvent, car elles seront victimes du bec de vos protégés) ou d'un mousqueton, vous pourrez fixer la porte dans la position désirée. Une fois les oiseaux perchés sur la porte, le premier vol suit en général très rapidement. Ce vol n'a cependant pas l'aisance des oiseaux volant librement dans la nature. En raison de la limitation de leurs

Des battements d'ailes vigoureux avant l'envol servent à échauffer les muscles des ailes.

déplacements pendant la période d'habituation, les oiseaux doivent d'abord retrouver leur assurance et leur endurance. Souvent, au cours de ce premier essai, ils volent jusqu'à épuisement puis se posent par terre, car ils ne savent pas encore reconnaître les perchoirs adéquates dans la pièce. Laissez d'abord les oiseaux « reprendre leur souffle » dans le calme, car ils ne tarderont pas à s'envoler à nouveau. Les lieux où se percher, généralement situés en hauteur, sont rapidement découverts et occupés. Les oiseaux s'y reposent même quelque fois.

D'autres individus, au contraire, se refusent à quitter la cage et ignorent la porte ouverte. Ne vous impatientez pas et offrez leur régulièrement la possibilité de voler librement. Même les sujets les plus rétifs ne résisteront pas longtemps à la tentation.

Il arrive parfois que les inséparables ne profitent pas de la première occasion de voler. Ils viennent jusqu'à la porte mais se contentent de grimper sur la cage sans s'envoler et observent leur environnement dégagé des habituels barreaux.

Une fois les inséparables habitués à la pièce où se trouve leur cage, vous pourrez les laisser voler dans d'autres pièces. Auparavant, vous devrez décider si vous voulez laisser vos oiseaux voler partout, ou si certaines pièces doivent leur être interdites. Si vous décidez de leur laisser tout l'appartement, apprenez-leur le plus tôt possible à éviter les endroits interdits ou dangereux. Le plus simple et le plus logique est de les dissuader d'approcher de ces endroits.

À l'aide d'un objet quelconque, par exemple une revue enroulée, montrez à vos oiseaux que leur présence est indésirable chaque fois qu'ils veulent se poser dans un lieu interdit.

Une souche morte possédant des cavités naturelles fait un excellent nichoir pour la volière.

Après avoir répété l'expérience quelque fois, les oiseaux comprennent vite qu'ils doivent se tenir à distance.

Après le premier vol, les oiseaux ne retournent pas toujours de leur propre gré dans la cage ou dans la volière. Une fois encore, faites preuve de patience, car les oiseaux savent très bien où se trouve leur nourriture et finiront par rentrer pour s'alimenter. En cas d'échec, il faudra trouver une autre solution. Pour ces situations, on lit ou on entend les conseils les plus fous et les plus incroyables. Le moyen le plus simple et le plus sûr pour les oiseaux est de les capturer à l'aide d'un filet à oiseaux. Les animaleries proposent différents modèles et différentes tailles. Choisissez un modèle de taille adaptée à vos oiseaux. Les mailles devront être les plus fines possibles, afin d'empêcher l'oiseau de s'agripper fermement avec les griffes ou le bec. Une fois l'oiseau capturé, et avec un peu d'habileté, vous pourrez le laisser sauter du filet à la cage sans avoir à le toucher.

Important

Ne chassez jamais vos inséparables avec la main, car ils doivent associer celle-ci avec la nourriture, l'eau et les caresses, et ils ne doivent pas en avoir peur.

Important

Ne laissez jamais voler vos inséparables dans l'appartement quand personne n'est dans la maison. En votre absence, c'est dans leur cage qu'ils sont le plus en sécurité !

Alimentation et santé

Page de droite : Le millet en grappe est un merveilleux aliment de complément et procure une occupation durable aux oiseaux.

Le bien-être et la vie même de ces petits perroquets charmants est entre nos mains. Posséder un animal, c'est aussi prendre la responsabilité d'un être vivant, car il lui est impossible de survivre par ses propres moyens. Mais n'ayez crainte : si vous y êtes prêt, vous parviendrez à satisfaire pleinement les besoins de vos protégés.

L'alimentation de base

Presque tous les inséparables sont des perroquets granivores. Leur régime alimentaire naturel inclut fruits, baies, bourgeons, noix, feuilles, graines, céréales, maïs, insectes et leurs larves.

Mais considérons tout d'abord l'alimentation de base, qui repose sur des mélanges de graines que l'on peut acheter tout préparés dans le commerce sous différentes marques. Pour cela, il faut tenir compte de plusieurs paramètres.

Tout d'abord, la composition du mélange doit correspondre aux besoins des inséparables. Des oiseaux élevés en

Légumes et minéraux complètent le menu.

cage (pouvant bien sûr voler librement dans l'appartement) n'ont pas les mêmes besoins que des oiseaux élevés dans une grande volière, surtout si ces derniers sont élevés en groupe. Un oiseau de cage a des besoins énergétiques sensiblement inférieurs à ceux d'un oiseau de volière. Il faut également vérifier que le mélange contient peu de graines grasses, comme le tournesol, le chanvre (chènevis), le Cardy. Les fabricants d'aliments consciencieux affichent la composition sur l'emballage. Si vous ne trouvez pas de mélange pour inséparables, vous pouvez utiliser un mélange pour grandes perruches. Dans ce cas, choisissez un mélange sans tournesol ! La plus grande partie du mélange doit être constituée de diverses sortes de millet et d'alpiste. Les autres graines pauvres en graisses sont le chanvre décortiqué, le sarrasin, et le riz paddy.

Important

- Faites attention à la composition
- Soyez attentif à la date de péremption et à l'odeur.
- La nourriture présente-t-elle des traces de larves d'insectes ou d'acariens ?
- Observe-t-on des moisissures ou une odeur de moisi ?

Un autre point important est la date de péremption. Cette date concerne moins les graines que les additifs habituels censés donner aux mélanges la valeur d'un aliment complet. Ces additifs sont essentiellement des vitamines et des oligo-éléments. Cela dit, il faut relativiser fortement l'expression d'aliment « complet ». Même si la date de péremption n'est pas dépassée, vérifiez que la nourriture est irréprochable. Stockées dans un endroit humide ou au soleil, les graines rancissent rapidement, à commencer par les graines grasses, ce que l'on constate facilement à leur odeur. Si des dépôts blancs sont visibles, la nourriture est inutilisable !

Une erreur fréquente est de donner aux animaux une ration qui ne correspond pas à leurs besoins réels. La ration quotidienne d'un inséparable est une cuillère à soupe de graines, soit 8 à 10 g. Il est préférable de ne pas la donner une seule fois, mais de nourrir les oiseaux matin et soir. La ration présentée étant plus petite, les oiseaux mangent plus facilement les graines qu'ils aiment le moins. En revanche, si les oiseaux peuvent se nourrir à volonté, ils choisiront essentiellement les graines grasses, notamment le tournesol. En outre, si le récipient est trop rempli, les téguments des graines finissent au bout d'un moment par recouvrir les graines restantes, et les oiseaux ne parviennent pas à les trouver. Si vous choisissez de nourrir vos inséparables deux fois par jour, il vous faudra fixer des heures de nourrissage commodes et cohérentes.

Si vous ne possédez qu'un couple d'inséparables, la plupart des bols ou écuelles du commerce conviennent parfaitement et font partie de l'aménagement de base de la cage ou de la volière. Dans les magasins d'accessoires ou les quincailleries, on trouve des bols métalliques de tous diamètres. Pour les grandes volières abritant plusieurs oiseaux, les écuelles rondes et peu profondes, d'un plus grand diamètre, sont plus appropriées. Les soucoupes en terre cuite et vernies sont pratiques et bon marché. Les récipients ne doivent pas reposer directement sur le sol, mais sur un support tel que morceau de tuyau, pierre plate ou grande soucoupe renversée.

Posez toujours les récipients sur un support, jamais directement sur le fond de la cage.

Les distributeurs automatiques de graines ne sont qu'une solution d'urgence, par exemple si vous devez vous absenter quelques jours. Si le distributeur est mal conçu, les graines risquent de rester bloquées à l'intérieur. En outre, même si le dispositif fonctionne correctement, les oiseaux ont constamment la possibilité de choisir les graines qu'ils préfèrent au détriment de leur équilibre alimentaire.

En revanche, pour l'eau, les abreuvoirs verticaux (que l'on accroche aux barreaux) s'avèrent très utiles. Mais il ne faut pas se contenter de renouveler l'eau lorsque l'abreuvoir est vide : le renouvellement quotidien de l'eau doit être une habitude ! L'avantage de ces réservoirs est que les oiseaux souillent l'eau moins facilement. Certains oiseaux ne se contentent pas de laisser tomber des graines dans l'eau, mais remplissent le bol de tout ce qu'ils peuvent trouver, brindilles, morceaux d'écorce ou grappes de millet. En général, l'eau du robinet est de qualité suffisante. Si ce n'était pas le cas, de l'eau minérale non gazeuse fera l'affaire.

Pour les personnes qui possèdent beaucoup d'inséparables ou qui s'intéressent à la composition des mélanges, le tableau ci-contre et celui de la page 60 donnent la composition de divers mélanges de graines et la teneur en éléments nutritifs de chaque type de graines. Ainsi, vous pouvez voir quelles sont les graines les plus grasses afin d'en limiter les quantités. Les petits perroquets ont des régimes alimentaires spécialisés : n'hésitez pas à expérimenter et sachez profiter de l'expérience d'autres propriétaires d'inséparables pour élaborer une alimentation aussi variée que possible.

Exemple de mélange pour inséparables

Type de graine	Part dans le mélange en % du poids
Cardy	12
Chanvre	3
Chanvre décortiqué	8
Sarrasin	5
Riz paddy	5
Millet (diverses variétés)	40
Alpiste	20

Composition de quelques graines							
	Éléments nutritifs (en % du poids)						
Type de graine	protéines	lipides	fibres	amidon + glucides	calcium	phosphore	sodium
Tournesol décortiqué	18	38	25	4	0,22	0,65	0,03
Tournesol Blanc	16	30	29	3	0,18	0,48	0,05
Cardy	16	28	31	3	0,30	0,61	0,06
Chanvre	23	32	21	10	0,13	1,03	0,02
Lin	22	34	8	7	0,25	0,49	0,08
Alpiste	20	9	7	55	0,07	0,55	0,05
Millet (moyenne)	12	5	8	64	0,03	0,37	0,06
Avoine décortiquée	13	7	2	61	0,07	0,45	0,07
Sarrasin	9	2	4	59	0,02	0,25	0,03
Riz paddy	9	2	9	77	0,04	0,12	0,01

Aliments de complément

Pour les petits perroquets, le millet en grappes constitue un enrichissement bienvenu du menu ordinaire. Il n'est pas plus nutritif que le millet contenu dans les mélanges, mais il a un autre effet : grâce à la forme de ses épis, les oiseaux ont beaucoup plus de travail pour extraire les graines. Cela correspond à leurs conditions de vie naturelle, les oiseaux s'occupent avec les grappes et risquent moins de s'ennuyer. On peut aussi remplacer le millet par un épi de seigle rapporté d'une promenade, juste avant la récolte, à condition que le champ n'ait pas été traité récemment. Si vous jardinez, vous pouvez cultiver vous-mêmes du seigle, du millet et même de l'alpiste.

À partir du mois d'août, récoltez dans la nature des baies de sorbier (sorbes), de pyracantha, d'argousier ou des cynorrhodons d'églantier. Vous serez étonné de la joie avec laquelle les inséparables se jettent dessus. Le reste du temps, on trouve aussi des sorbes et des baies de genévrier (genièvre) séchées dans les magasins ou les oiselleries.

Pratiquement toute l'année, on trouve des plantes sauvages dans les champs, les friches et les jardins. Elles constituent une nourriture riche en vitamines et en calcium. Le mouron des oiseaux est particulièrement intéressant. D'avril jusqu'à l'automne, vous pouvez aussi récolter les feuilles, puis les graines des pissenlits. Pour éviter d'endommager votre aspirateur, coupez d'abord aux ciseaux les toupets des graines (« parachutes »). Lorsque les herbes sont montées en épi, on peut les lier en petits bouquets et les attacher aux barreaux de la cage. Comme vous pourrez le constater, une promenade

À SAVOIR

Complétez le menu de vos inséparables avec des plantes et des baies que vous récolterez vous-mêmes.

Apportez de la variété à la présentation de la nourriture en attachant des bons morceaux en différents endroits du grillage.

peut apporter beaucoup aux amis des oiseaux et à leurs protégés. N'oubliez pas cependant que les aliments récoltés dans la nature sont parfois pollués par des substances toxiques : ne faites pas vos récoltes au bord des routes ou sur des parcelles traitées chimiquement !

L'une des plantes les plus précieuses est le persil, malheureusement les oiseaux l'apprécient peu. Cela arrive aussi avec certaines plantes sauvages et certaines baies. Armez-vous de patience : à force de persévérance, on parvient à leur faire accepter des aliments auxquels ils n'ont jamais eu l'occasion de goûter lorsqu'ils étaient jeunes.

En hiver, vous pouvez proposer à vos inséparables diverses sortes de fruits et de légumes, à commencer par les pommes. Les oiseaux préfèrent les variétés douces, mais il ne faut pas hésiter à changer. Poires, figues, bananes, carottes et courgettes complètent la gamme des friandises. Mais, selon la saison, essayez aussi les fraises, les cerises, le raisin et autres fruits. Les inséparables sélectionnent les fruits en fonction de leurs goûts, mais proposez-en en permanence. Fruits et légumes doivent être préalablement lavés ou pelés !

Attention ! Ne faites pas germer des graines de chanvre ou de lin, car elles développent des mucosités. On trouve dans le commerce des mélanges de graines à germer.

Pour améliorer la valeur nutritive des graines, faites-les germer : leur teneur en vitamines et leur digestibilité augmentent. La préparation des graines germées nécessite une hygiène rigoureuse, ce qui vaut aussi pour les autres aliments. Veillez à ce que les graines germées ne restent pas trop longtemps dans la cage (quelques heures seulement en été), car elles moisissent rapidement. Les graines germées seront présentées dans des récipients ronds et peu profonds, qui devront être nettoyés tous les jours.

Les graines germées correspondent beaucoup plus à la nourriture disponible dans la nature. Au cours de la germination, l'amidon est en grande partie dégradé en sucres simples que l'organisme peut absorber presque entièrement. Par conséquent, il n'est pas gênant que les mélanges de graines à germer contiennent une plus grande proportion de graines grasses.

Une des meilleures méthodes consiste à préparer les graines germées dans une passoire, car il est plus facile de contrôler le processus.

- Versez la ration quotidienne de graines dans une passoire plus ou moins grande et rincez-la sous le robinet.
- Placez la passoire sur un bol et remplissez-le d'eau jusqu'à recouvrir les graines.
- Placez le tout dans un lieu tempéré (pas plus de 24 °C) et changez l'eau au moins deux fois en 12 heures. Au bout de 4 à 6 heures, la plupart des graines ont déjà absorbé suffisamment d'eau pour déclencher la germination. Si les graines trempent pendant plus de douze heures, elles risquent de manquer d'oxygène et de mourir.
- Toutes les 12 heures, rincez les graines sous le robinet, jusqu'à l'apparition des premiers germes, ce qui se produit au bout de 36 à 48 heures selon la température ambiante et la

qualité des graines. Si la germination se poursuit, la digestibilité des graines diminue en raison de l'augmentation de leur teneur en fibres.
- Laissez égoutter les graines germées sur un torchon et donnez-les aux oiseaux dans un récipient peu profond.

Quelques mots sur une pratique très fréquente chez les propriétaires d'oiseaux solitaires ou de couples, qui consiste à faire participer l'oiseau au repas des humains. Cette habitude peut contribuer à renforcer le lien entre l'oiseau et son soigneur, mais, dans la plupart des cas, cela se terminera tôt ou tard par une visite chez le vétérinaire. Habituez plutôt vos oiseaux à rester dans leur cage pendant votre repas. Cela ne signifie pas qu'il faut les priver de bons morceaux. On trouve maintenant dans le commerce des crackers et des fruits secs pour perroquets.

Les plats cuits ou salés, les sucreries et la bière ou le vin ne conviennent pas à la santé des oiseaux et peuvent même leur nuire !

Vitamines et oligo-éléments

Si vos inséparables sont nourris avec un mélange équilibré de graines et mangent régulièrement des fruits et des légumes, les compléments vitaminés ne sont guère utiles. Mais, à certaines périodes, leurs besoins en vitamines augmentent : croissance, mue et surtout reproduction. Dans ces périodes, des préparations vitaminées se justifient. Dans les animaleries, vous en trouverez un grand choix, et l'on pourra vous conseiller. Préférez des préparations en poudre, car, contrairement aux préparations solubles, on peut en saupoudrer les fruits, les graines germées et autres aliments. De plus, certaines préparations solubles perdent rapidement leur efficacité. Or, les inséparables boivent peu, surtout s'ils ont des fruits à manger. Certains oiseaux refusent même l'eau contenant des additifs.

En plus des préparations vitaminées, donnez à vos oiseaux des mélanges de minéraux ainsi que du sable à oiseaux. La pierre à chaux et les os de seiche sont faciles à fixer aux barreaux, tandis que les compléments en granulés peuvent être présentés dans un bol séparé. Enfin, les branches fraîches de saule (à ne pas récolter sur le bord des routes) n'occupent pas seulement les oiseaux, mais leur apportent aussi des minéraux précieux contenus sous l'écorce.

Quand vous repassez, renoncez à vous faire aider par vos inséparables.

Les dangers de la maison

Après le premier vol libre, il est plus que temps de réfléchir aux dangers qui peuvent menacer vos compagnons ailés dans la maison.

En tête de liste figurent les fenêtres et les portes ouvrant vers l'extérieur. Avant de laisser voler vos oiseaux, vérifiez qu'elles soient toutes fermées. Vous pouvez aussi poser une moustiquaire devant les fenêtres. Certains modèles se fixent facilement à l'encadrement avec du ruban adhésif. Les moustiquaires n'empêchent pas seulement vos oiseaux de s'échapper, mais elles vous protégeront en été des insectes indésirables !

Souvent, les oiseaux ne voient pas les vitres qui ne sont pas couvertes par des rideaux. Un inséparable volant à vitesse normale qui se cogne dans une vitre risque des blessures graves, voire de se casser le cou. Il existe des silhouettes décoratives que l'on peut coller au centre des vitres afin d'écarter tout danger. Ces silhouettes ayant le même effet sur les oiseaux sauvages des environs, la protection est doublement efficace. En revanche, les inséparables voient très bien les rideaux et les perçoivent comme une limite, mais attention, les détails sont parfois traîtres : l'ourlet contient souvent des billes de plomb susceptibles de provoquer du saturnisme (intoxication par le plomb) si les oiseaux viennent à les avaler. Souvent, le saturnisme ne se remarque pas tout de suite – il est alors généralement trop tard. Surveillez donc vos oiseaux lorsqu'ils s'agrippent aux rideaux et menacez-les avec un journal enroulé.

De même lorsque les oiseaux se découvrent une passion soudaine pour les gaines molles des fils électriques. Un seau d'eau plein, un aquarium sans toit sont autant de dangers mortels, car la curiosité pousse les oiseaux à se poser sur le rebord. Si l'atterrissage se passe mal, l'oiseau glisse et se noie.

Souvent, les placards ouverts exercent une attraction magique. Les inséparables aiment entrer dans les placards et se cachent dans les compartiments. De même, les bibliothèques ou autres meubles excitent la curiosité des oiseaux, qui tentent de se glisser entre le meuble et le mur. Vous risquez de devoir démonter et remonter une armoire pour retrouver l'oiseau.

Les plantes d'appartement sont une source de dangers bien connue. Apprenez à vos inséparables à ne pas s'approcher des plantes, toxiques ou non. Les parties de certaines plantes comme le cyclamen, le muguet ou les euphorbes (dont le poinsetia) sont toxiques. Le terreau avalé par les oiseaux n'est pas non plus inoffensif. Il peut avoir été traité en cours de fabrication, et peut-être utilisez-vous des engrais liquides : vos oiseaux ne les supportent pas. En outre, le terreau peut transmettre les spores de champignons qui provoquent des maladies respiratoires.

Les sujets apprivoisés sont très attachés à leur soigneur et aiment l'accompagner partout. Mais la cuisine offre un vaste champ d'activités à vos inséparables. Votre oiseau prendra l'évier pour sa baignoire, il voudra savoir pourquoi la casserole bouillonne ou croira que la salade lui est destinée. Vous serez bientôt très occupé à la protéger des dangers. Les oiseaux ne savent pas que la plaque chauffante sur laquelle ils comptent se poser est brûlante et que la semelle du fer à repasser, dans laquelle l'oiseau se reflète, ne doit pas être regardée de trop près. Bannissez le papier attrape-mouches et, lorsque vous bricolez, n'utilisez pas de colle à prise rapide lorsque les oiseaux sont dans les parages. Ne sous-estimez jamais leur vivacité et leur curiosité !

Les principaux dangers à la maison

- Fenêtre, portes ou tiroirs ouverts, fentes étroites
- Vitres transparentes
- Billes ou fils de plomb dans les rideaux
- Fils et appareils électriques branchés
- Poêle, appareils chauffants
- Plantes d'appartement, terreau, engrais
- Produits ménagers, solvants, peintures, colle
- Médicaments

ATTENTION

Vous avez tout vérifié et vous voulez vous asseoir sur le divan pour faire une pause : attention, un de vos inséparables s'est peut-être installé confortablement derrière les coussins !

Les principaux symptômes de maladies

Les oiseaux en bonne santé ont le plumage lisse, les yeux brillants et le cloaque propre. Ils sont attentifs à ce qui se passe autour d'eux. En revanche, lorsqu'un oiseau reste perché avec les plumes ébouriffées, il peut s'agir soit de son attitude de repos, soit du premier symptôme de mauvaise santé. Si l'oiseau est simplement en train de se reposer, il réagira à la voix ou si l'on s'approche de sa cage, et manifestera un comportement normal. Mais s'il s'étire et ne lisse ses plumes que pendant un court instant, c'est un signe certain que quelque chose ne va pas.

Si cet état empire et que l'oiseau, plumes ébouriffées, reste posé sur le sol de la cage ou s'appuie ostensiblement contre un objet de son perchoir (par exemple un récipient), il est temps de consulter un vétérinaire.

Un autre indice important est l'aspect des fientes. Lorsque celles-ci sont fermes et de consistance normale, gris brun avec le bout blanc, cela indique un métabolisme normal. La couleur blanche est due à l'urine, excrétée en même temps que les excréments sous forme de cristaux d'acide urique.

Juste après son repos, l'oiseau étire ses ailes et arrange son plumage.

Des fientes molles ne sont pas alarmantes lorsque l'oiseau mange beaucoup de fruits. Réduisez les apports de fruits ou interrompez-les pendant quelques jours, et les fientes redeviendront normales. Chez les femelles, les fientes sont plus molles et plus fréquentes que d'habitude vers l'époque de la ponte, mais c'est également normal. En revanche, si les déjections sont composées de graines non digérées entourées de masses plus ou moins liquides, c'est le signe d'une maladie digestive (stomacale ou intestinale) : il faut consulter immédiatement le vétérinaire.

De même, les inséparables ont besoin d'un traitement médicamenteux en cas d'attaque de poux des sacs aériens. Ces derniers sont faciles à détecter : les oiseaux respirent difficilement en émettant un léger sifflement. Le traitement est simple et de courte durée.

Pour toutes les maladies, il est important de repérer les premiers symptômes le plus tôt possible. Cela vaut aussi pour les maladies respiratoires, que l'on remarque généralement aux écoulements au niveau des narines. Normalement, tous les oiseaux ont les narines propres et sèches. En cas d'écoulement léger, vérifiez tout d'abord si vos oiseaux sont exposés aux courants d'air. Si ce n'est pas le cas, demandez l'avis d'un vétérinaire.

Le larmoiement des yeux peut aussi être dû aux courants d'air, mais il peut également résulter d'une blessure à l'œil ou d'une maladie oculaire. Comme les inflammations des pieds, les maladies oculaires peuvent avoir pour origine des perchoirs sales. En effet, les oiseaux se frottent la tête sur les perchoirs et des bactéries peuvent infester la région oculaire, entraînant des inflammations.

Les pieds étant fréquemment en contact avec les perchoirs et les surfaces les plus diverses, c'est à leur niveau que les risques d'infection sont les plus grands. Des blessures insignifiantes voire invisibles peuvent entraîner des inflammations et des enflures des doigts. Dans tous les cas, une visite au vétérinaire s'impose.

Les plumes légèrement ébouriffées, comme chez cette femelle, sont habituelles lorsque l'oiseau se repose et n'indiquent aucune maladie.

Tout le monde connaît les signes habituels d'un refroidissement ou d'une pneumonie : respiration difficile avec le bec ouvert, éternuements, toux, etc. Si ces symptômes sont associés à un mauvais état général, consultez immédiatement le vétérinaire. Emportez également une fiente fraîche pour analyse, car il peut aussi s'agir d'une psittacose, une maladie transmissible à l'homme !

Si vos inséparables se grattent fortement avec une fréquence inhabituelle, vérifiez s'ils ne sont pas infestés de poux des oiseaux ou si leur peau ne souffre pas d'une mycose. Une infestation normale de poux ou d'acariens est facile et rapide à arrêter avec les produits habituels du commerce (en spray). En revanche, une mycose cutanée doit être soignée par un vétérinaire.

Les oiseaux peuvent aussi souffrir de traumatismes crâniens, par exemple en se cognant contre une vitre ou un meuble. Comme chez les humains, les symptômes se manifestent souvent avec un certain retard. L'oiseau ne parvient plus à tenir en équilibre sur le perchoir, bat désespérément des ailes ou vole en cercle. Dans ce cas également, une visite au vétérinaire est conseillée.

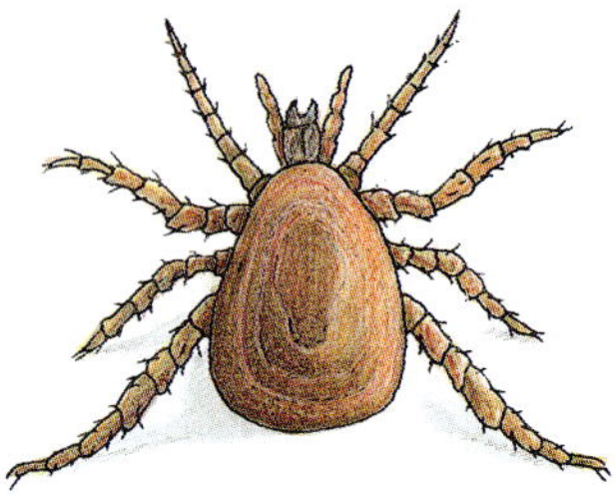

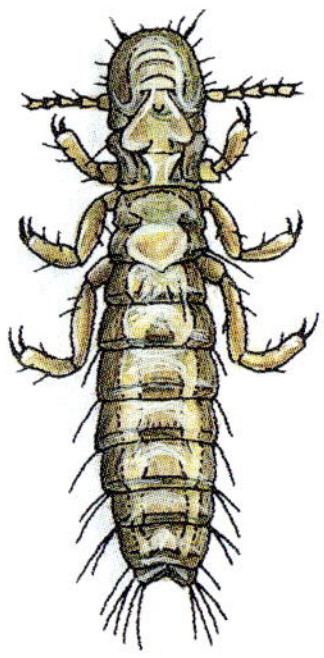

Le poux rouge (à gauche ; en réalité un acarien) et le poux des plumes (à droite) sont des ectoparasites susceptibles d'infester les inséparables.

Si vous avez décidé de vous lancer dans l'élevage ou que vous possédez un couple auquel vous avez fourni un nichoir, les femelles peuvent au bout d'un certain temps souffrir du mal de ponte. La femelle pousse avec le ventre sans que l'œuf ne sorte de l'oviducte, ce qui l'affaiblit énormément, sans compter les risques de traumatismes internes. Dans la plupart des cas, le vétérinaire ou un éleveur compétent parviendront à faire sortir l'œuf. L'état de la femelle s'améliore alors rapidement si le mal de ponte a été repéré à temps.

Dans tous les cas, il est important d'observer l'oiseau attentivement et avec précision. Plus le traitement commence tôt, et plus les chances de guérison sont grandes. Malheureusement, les oiseaux malades ne se font souvent remarquer que lorsque leur survie est déjà menacée. Dans la nature, ce comportement est une protection contre les prédateurs, mais cela ne facilite pas le dépistage précoce des maladies.

Dans presque tous les cas, il est indispensable de séparer l'oiseau malade de son ou ses compagnons. Il est alors commode de disposer d'une cage de quarantaine équipée d'un système de chauffage. Une cage habillée sur un côté et une lampe infrarouge sont d'une grande utilité. Le plus important et de consulter un vétérinaire le plus vite possible si vous ne parvenez pas à identifier une maladie. Une hésitation trop longue coûte souvent la vie à l'oiseau.

Les maladies

Symptômes	Causes possibles	Traitements
Fientes molles ou liquides	**Nourriture** : trop de fruits de légumes ou de sucreries. **Intoxication** : branches ou aliments traités, plomb des rideaux.	Suppression des fruits et des légumes, remplacer l'eau par des infusions de camomille. Mettre à dispositions des graines germées. Si aucune amélioration le lendemain, causes probablement sérieuses : consulter le vétérinaire, emmener les fientes pour analyse.
Graines non digérées dans les fientes	Possible dilatation neuropathique du jabot.	Faire effectuer une radio.
Vomissements	Mauvaise alimentation, parasites, mycose ou intoxication.	Tenir l'oiseau au chaud en lui donnant une infusion de camomille diluée. Si aucune amélioration, consulter un vétérinaire et lui montrer les vomissures.
Écoulement nasal	Irritation due à la poussière ou à la fumée, infection virale ou bactérienne	Nettoyer les narines avec du coton imbibé de camomille, verser éventuellement de la camomille diluée dans les narines. Consulter un vétérinaire : risque de psittacose ou d'aspergillose !
Larmoiement	Conjonctivite, blessure à l'œil.	Nettoyer les yeux collés avec un coton-tige imbibé de camomille diluée. En cas de blessure, consulter un vétérinaire sans attendre.
Respiration difficile et bruyante par le bec ouvert.	Aspergillose	Renouvelez l'air et donnez de la nourriture propre. En cas d'aspergillose, le vétérinaire prescrira des antimycotiques.

Les maladies (suite)

Symptômes	Causes possibles	Traitements
Respiration sifflante avec mouvements de régurgitation	Poux des sacs aériens	Le vétérinaire prescrira un médicament dont on fait tomber des gouttes sur la peau de la nuque. Guérison rapide.
Halètements, ailes retombantes, démarche chancelante	Insolation ou coup de chaleur possibles	Ramener l'oiseau à la température intérieure, l'asperger d'eau pas trop froide, le faire boire.
Saignements, blessures ouvertes	Morsures	Stopper le saignement avec des compresses spéciales, poser un pansement si besoin.
Doigts ou pieds enflés	Inflammation, corps étrangers, bague trop petite	Retirer le corps étranger, appliquer une pommade anti-inflammatoire, élargir ou ôter la bague (avec une pince spéciale).
Fracture des membres	Accident dans la maison ou contre le grillage de la cage	Consulter un vétérinaire.
Lissage des plumes très fréquent, l'oiseau se gratte fortement.	Peau sèche, parasites, mycose cutanée	Asperger la peau d'eau tiède. Traiter contre les parasites (sprays). En cas de mycose, le vétérinaire prescrira un traitement.
Perte de poids importante	Causes variées, par exemple des vers	Consulter un vétérinaire, qui prescrira un vermifuge si besoin.

Certaines plantes d'appartement sont toxiques : la prudence s'impose.

Dispositions utiles et matériel de premiers soins

- Adresse et numéro de téléphone du vétérinaire
- Filet de capture
- Cage de quarantaine, boîte de transport
- Chauffage infrarouge
- Compresses spéciales, solution de chlorure de fer à 3 % (pour stopper les saignements)
- Coton-tige, compresses
- Ciseaux
- Préparation polyvitaminée
- Tisane de camomille ou de fenouil
- Fructose.

Vous pourrez trouver d'autres instruments ou médicaments de premiers soins chez votre pharmacien.

La visite chez le vétérinaire

Dès l'achat de l'oiseau, ou juste après, il est prudent de noter l'adresse d'un vétérinaire connaissant les oiseaux. Vous pouvez demander conseil aux associations d'éleveurs ou d'amateurs, ou encore consulter des revues spécialisées qui vous fourniront des listes de vétérinaires compétents.

Si vous êtes proche d'une école vétérinaire, demandez si celle-ci accueille les oiseaux. Connaître l'adresse et le numéro de téléphone d'un vétérinaire vous permettra de gagner du temps en cas d'urgence. Téléphonez avant de vous déplacer afin de avoir si le vétérinaire peut vous recevoir rapidement (précisez qu'il s'agit d'une urgence).

Ne transportez jamais l'oiseau malade dans sa cage. Utilisez les caisses décrites précédemment. Moins l'oiseau peut remuer ou glisser pendant le transport, mieux il supportera le voyage. Si besoin, calez la caisse avec des serviettes et protégez l'oiseau du froid et des courants d'air. Une caisse grillagée d'un seul côté diminue le champ de vision de l'oiseau et donc son stress dans la salle d'attente, ainsi que les risques de contagion.

Emportez une fiente fraîche, qui fournira au vétérinaire des informations importantes sur la nature et la cause de la maladie. De même, si votre oiseau est pris de vomissements, emportez un échantillon de vomissure. S'il souffre des yeux, le vétérinaire voudra certainement observer son perchoir habituel : emportez-le aussi.

Une visite au vétérinaire ne s'impose pas seulement en cas d'urgence ou de maladie. Des griffes trop longues ou un bec déformé nécessitent aussi son intervention ou celle d'un éleveur compétent.

Pendant le trajet ou dans la salle d'attente, il est utile de **rassembler toutes informations utiles** sur le déroulement de la maladie pour répondre aux questions du vétérinaire :

- Nature des symptômes
- Évolution des symptômes
- D'autres oiseaux sont-ils touchés ?
- Âge de l'oiseau
- Soins entrepris
- Contacts éventuels avec des produits ménagers ou autres.

Soins des griffes et du bec

Important

Ne coupez jamais les griffes de vos inséparables avec des ciseaux normaux ou avec un coupe-ongles !

La mue est un phénomène naturel qui se produit chaque année. Pendant la mue, les inséparables renouvellent entièrement leur plumage. Cela se produit progressivement et prend plusieurs semaines. Une exposition constante aux courants d'air ou la proximité d'un appareil de chauffage peut provoquer une mue chronique. Cette sorte de mue permanente fatigue énormément les oiseaux et peut même être dangereuse.

Les griffes et le bec des oiseaux sont faits de corne dont la structure est comparable à celle de nos ongles. Comme ceux-ci, les extrémités cornées des oiseaux nécessitent un minimum de soins. Si vos inséparables sont élevés correctement, la croissance du bec et des griffes se régule d'elle même grâce à leur usure naturelle. Mais si les perchoirs ont un diamètre trop petit, les griffes ne s'usent pas et croissent jusqu'à se déformer. Il faut alors intervenir. Des ciseaux spéciaux sont pour cela nécessaires, vous en trouverez en animalerie. Les surfaces coupantes de ces ciseaux sont obliques, avec un léger creux. Ne coupez jamais les griffes droit, mais toujours obliquement. La forme des ciseaux est conçue pour cela.

En coupant les griffes, soyez particulièrement prudent car des vaisseaux sanguins pénètrent à l'intérieur : il ne faut surtout pas les couper. Si vous n'êtes pas sûr de vous, adressez-vous au vétérinaire.

Le bec peut aussi croître démesurément si les oiseaux n'ont pas assez de branches fraîches ou autres objets à ronger. Les pierres à oiseaux sont très utiles : outre les apports minéraux qu'elles représentent, leur dureté use le bec des oiseaux. Pour redonner une forme correcte à une mandibule hypertrophiée, il suffit d'une lime à ongles. Si le bec est très déformé, il faut d'abord tailler soigneusement l'extrémité avant de finir avec la lime à ongles. Une fois encore, n'hésitez pas à confier votre oiseau à un vétérinaire ou à un éleveur expérimenté si vous ne vous sentez pas capable.

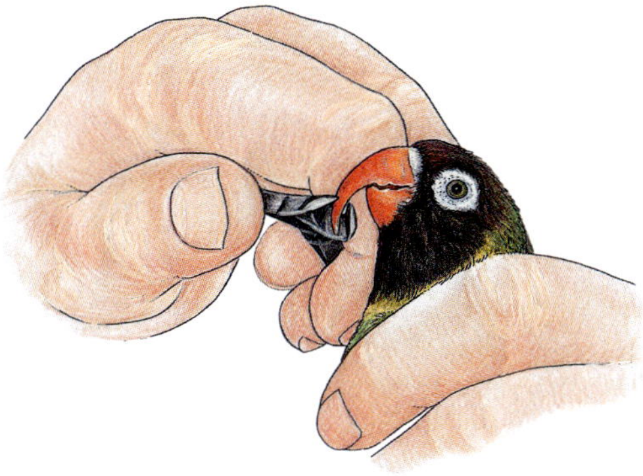

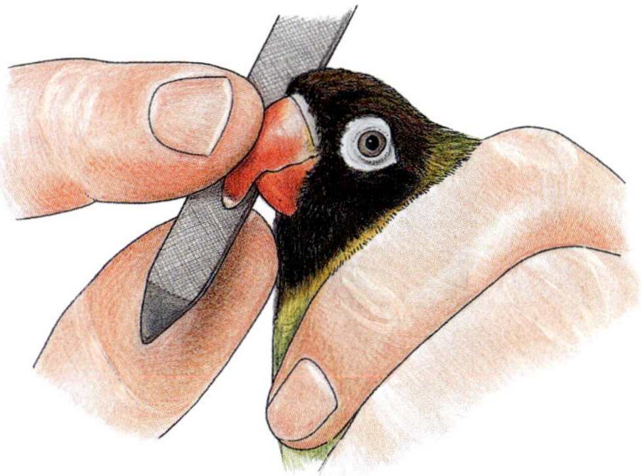

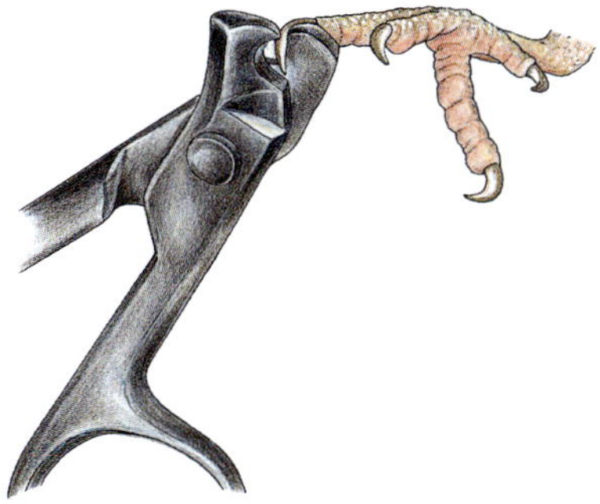

Le bec et les griffes doivent être taillés par un vétérinaire ou une personne expérimentée, à l'aide d'instruments appropriés :
À gauche : Le bec est raccourci à l'aide d'une pince spéciale (en haut) puis limé (en bas).
À droite : Les griffes sont coupées à l'aide de ciseaux spéciaux.
Veillez à ne pas léser les vaisseaux sanguins à l'intérieur de la griffe.

L'élevage amateur

Page de droite : Les inséparables de Lilian sont moins fréquemment élevés que les autres espèces d'inséparables.

Si vous possédez depuis quelque temps un couple d'inséparables, peut-être aurez vous envie d'assister à leur vie de famille.

Conditions préalables

Avant de donner suite à vos projets, prenez d'abord le temps de réfléchir aux implications, et notamment aux exigences suivantes :

LA PLACE

- Vérifiez que vous avez la place pour installer plusieurs grandes cages ou volières, car, au bout d'un certain temps, les jeunes devront être séparés de leurs parents. Demandez-vous également à qui vous pourrez donner les jeunes par la suite.

AUTORISATIONS

- Pour élever des perroquets, même en petit nombre, il vous faut une autorisation administrative, délivrée par le préfet : le Certificat de capacité.
  Pour cela, déposez une demande auprès de la Direction des Services vétérinaires de votre département. En général, on vous demandera de faire la preuve de votre capacité à élever des oiseaux, et un vétérinaire pourra, le cas échéant, visiter votre élevage. On vous délivrera ensuite un Certificat de capacité.

LE TEMPS

- Demandez-vous également si vous avez suffisamment de temps pour faire face aux soins supplémentaires que cela exige. Pendant la nidification, les inséparables requièrent beaucoup d'attention. Il leur faut non seulement une nourriture variée, mais vous devrez consacrer beaucoup de temps aux soins, aux nettoyages et à la préparation de la nourriture. Il faudra aussi surveiller régulièrement la nidification, car les choses ne se déroulent pas toujours comme prévu.

L'ARGENT

- Prévoyez un accroissement des dépenses pendant la reproduction.

L'harmonie du couple est importante pour la réussite de la nidification.

Appariement des oiseaux

Une fois que toutes les conditions préalables sont remplies, vérifiez encore une fois que votre couple est en bonne santé, vigoureux et pas trop jeune. Bien que les inséparables soient souvent sexuellement mûrs vers 6 mois, il vaut mieux leur épargner les efforts de la reproduction la première année.

Pour que la reproduction réussisse, les deux oiseaux doivent s'entendre. Si ce n'est pas le cas, ne comptez pas sur la chance. La seule solution est d'essayer de former un autre couple. Le mieux est d'acheter chez un éleveur des oiseaux qui ont eu le temps de se familiariser l'un à l'autre dans la volière d'élevage. Certains éleveurs vous proposeront même des couples déjà formés, car ils manquent souvent de place.

Si cette solution ne fonctionne pas non plus, il vous reste une solution plus radicale : achetez plusieurs oiseaux (non apparentés mais de la même espèce) et introduisez-les en même temps dans une volière suffisamment grande. Vous remarquerez rapidement si des affinités se créent. Si vos oiseaux sont d'une espèce peu tolérante, il faudra séparer les couples. En revanche, les inséparables de Fischer et les inséparables à joues noires peuvent former une petite colonie.

La pire des solutions est de forcer les oiseaux à s'apparier, mais il arrive qu'on n'ait pas d'autre choix.

La reproduction

Ces modèles de nichoirs sont bien adaptés aux inséparables.

Comme il est rare que les arbres creux poussent dans les appartements (ou les locaux d'élevage), il faut fournir aux oiseaux des cavités de nidification artificielles. Dans les oiselleries, on trouve divers modèles de nichoirs. Pour les inséparables, on utilise surtout des nichoirs quadrangulaires. Évitez les nichoirs en aggloméré ou en plastique. Les nichoirs fabriqués avec des planches en bois brut ont fait leurs preuves : les oiseaux ont la possibilité de satisfaire leur pulsion de grignotage, qui augmente pendant la nidification. Dans une volière, on peut aussi installer des bûches creuses, vendues toutes prêtes dans le commerce et bien plus esthétiques.

Une fois trouvé un nichoir, quel est l'emplacement qui convient le mieux ? Dans une volière de jardin, la place de manque pas, mais le nichoir ne doit pas être exposé en plein soleil : il faut l'installer sous un toit protecteur ou dans l'abri attenant. L'accès au nichoir ne doit pas être réservé aux seuls parents : vous devez pouvoir surveiller ce qui se passe à l'intérieur sans avoir à vous contorsionner. Pour cela, une porte de contrôle est très utile. Ne placez pas le nichoir dans une cage visible de tous côtés, car les oiseaux ne s'y sentiraient pas en sécurité. L'idéal est une volière couverte sur trois côtés et grillagée sur le côté antérieur. Quand c'est possible, on peut aussi fixer le nichoir à l'extérieur de la volière. Cela permet de conserver le volume intérieur de la volière et on peut effectuer des contrôles réguliers sans inquiéter trop les parents.

Supposons que vous faites votre première tentative avec des inséparables à face rose, des inséparables masqués ou des inséparables de Fischer. Ces espèces ont besoin d'apporter de grandes quantités de matériaux dans le nichoir pour bâtir leur nid. Avant ce stade, ayez le réflexe de rapporter de vos promenades des branches fraîches de saule – le matériau le plus adapté pour les inséparables. N'introduisez pas dans la volière plus de branches que nécessaire. Vous pourrez conserver le surplus dans un seau rempli d'eau. Chez les inséparables, l'égalité des sexes n'est pas à l'ordre du jour : la construction du nid est une affaire féminine ! Il est rare que le mâle participe activement au transport des matériaux ou à

Poussins tout juste éclos, à l'âge de un et trois jours.

la construction proprement dite. En revanche, il cherche à séduire et à dorloter sa belle. Bien que l'offrande de nourriture soit observable toute l'année, elle devient beaucoup plus fréquente à ce moment-là. Le mâle déglutit de la nourriture de son jabot et la donne à la femelle. Généralement, l'accouplement suit immédiatement et peut être répété plusieurs fois dans la journée. Entre deux accouplements, les deux oiseaux se blottissent l'un contre l'autre et se toilettent mutuellement le plumage, surtout sur la tête et la nuque.

Ne vous affolez pas si, en nettoyant la cage, vous remarquez de gros tas de fientes très liquides sur le sol. Il ne s'agit pas d'un symptôme de maladie, mais le signe avant-coureur de la ponte. Si vous observez la femelle, vous remarquerez son bas ventre arrondi, indice supplémentaire. À ce moment, elle passe la plus grande partie de la journée dans le nid. L'avantage d'un nichoir externe est que vous pourrez contrôler rapidement l'intérieur lorsque la femelle s'absente pour se nourrir. Souvent, c'est l'excitation du mâle qui nous apprend que le premier œuf vient d'être pondu. Tous les deux jours, la femelle pond un nouvel œuf et la ponte compte au total trois à six œufs, selon l'espèce et l'âge des parents. Les œufs sont blancs, comme chez tous les perroquets. À partir de ce stade, vous ne verrez plus la femelle que lors de ses rares sorties dans la volière pour déféquer. Elle couve seule, nourrie par le mâle afin de lui éviter de sortir du nid.

À SAVOIR

Ne contrôlez pas le nid pendant que la femelle couve, mais attendez qu'elle ait quitté le nichoir.

La couvaison dure entre 20 et 28 jours selon l'espèce (voir le chapitre « Origine et classification »). Une fois encore, c'est le comportement du mâle qui nous apprend que le premier œuf est éclos. Les jeunes tout juste nés sont couverts, selon l'espèce, d'un duvet plus ou moins dense, blanchâtre à orange. À voir le corps nu, la tête démesurée et les yeux clos, on imagine mal que ces poussins deviendront de si beaux oiseaux.

Après quelques heures seulement, la femelle nourrit le jeune perroquet pour la première fois. La bouillie (ou plutôt une sorte d'écume) prédigérée dans le jabot se remarque très bien au niveau du jabot du poussin, sous forme d'une petite boule. Dès le lendemain, le petit jabot est plein à craquer et un autre poussin naît.

La couvaison n'ayant pas commencé dès la ponte du premier œuf, les deux premiers jeunes (et parfois le troisième) naissent à un jour d'intervalle seulement. Vous serez étonné par la rapidité de leur croissance. Chez les espèces « précoces », un duvet gris, le duvet juvénile, apparaît dès le 8e ou le 10e jour.

Quelques jours plus tard, on observe que les yeux s'ouvrent légèrement. C'est au plus tard à ce moment qu'il faut poser une bague d'identification fermée, qui prouve que l'oiseau est né sous votre toit. Pour les plus grandes espèces, comme l'Inséparable à face rose, l'Inséparable d'Abyssinie, l'Inséparable de Fischer et l'Inséparable masqué, la bague doit avoir un diamètre intérieur de 4,5 mm, contre 4 mm pour les autres espèces. On trouve des bagues auprès des associations d'éleveurs.

Le baguage des inséparables n'est pas obligatoire en France et en Belgique, mais ils doivent pouvoir être identifiés et leur origine prouvée d'une manière ou d'une autre. Pour les jeunes oiseaux nés chez vous, la bague reste le moyen le plus simple. On peut aussi baguer un adulte à l'aide d'une bague ouverte, que l'on referme ensuite au diamètre désiré à l'aide d'une pince spéciale.

Maintenant, le mâle commence à participer au nourrissage de la nichée. Vers 12 à 16 jours, les premières plumes commencent à sortir de leurs étuis cornés, mais il faudra encore quelques jours pour que l'oisillon soit complètement recouvert. À 30 jours, les jeunes possèdent leur plumage complet (plumage juvénile) et, cinq jours plus tard, les jeunes inséparables à face rose, à joues noires, masqués et de Fischer quittent le nid. Les autres espèces quittent le nid plus tard, l'espèce la plus tardive étant l'Inséparable d'Abyssinie : les jeunes attendent sept semaines pour se risquer dans la volière.

Pince pour poser et fermer les bagues ouvertes.

Les jeunes ne sont pourtant pas encore autonomes et les parents seront encore occupés pendant deux ou trois semaines à nourrir leur progéniture qui réclame bruyamment. À ce moment, c'est le mâle qui fait le plus gros du travail. Chez certaines espèces, la femelle a parfois déjà fini de réparer le nid et

Bague fermée : On ouvre les trois doigts antérieurs et on les fait passer dans la bague. Le quatrième doigt étant tourné vers l'arrière, on le fait passer en dernier avec les plus grandes précautions.

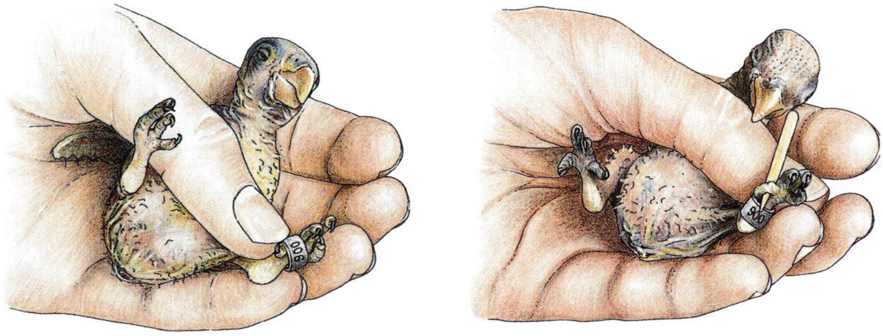

recommence à pondre. C'est toujours un moment critique, car les jeunes ne sont pas tout à fait autonomes et doivent séjourner encore dans la volière natale : lorsqu'ils retournent dans le nichoir pour dormir, ils risquent d'abîmer les œufs. Il faut alors les sortir dès que le plus jeune est capable de se nourrir seul.

À SAVOIR

Après la seconde nichée, attendez le bon moment pour fermer l'entrée du nichoir. Une troisième nichée risque de fatiguer les parents aux dépends des futurs oisillons.

Chez l'Inséparable d'Abyssinie, on peut en général laisser les jeunes avec leurs parents jusqu'à ce que leur plumage change de coloration, car les adultes font peu de préparatifs pour la prochaine ponte.

Dès le début, il faut se soucier des besoins nutritifs plus élevés des parents pendant la couvaison. Dès les premiers préparatifs, augmentez la part de protéines dans l'alimentation. Dans la nature, les inséparables préfèrent les larves et autres protéines animales. Les vers de farine constituent un substitut acceptable, mais ce n'est pas toujours pratique d'en faire l'élevage chez soi. On trouve dans le commerce divers mélanges protéiques ainsi que des aliments de sevrage qui conviennent très bien. On peut aussi utiliser comme complément un mélange pour insectivores, que l'on humidifie avec du fromage blanc Il vous faudra probablement tester ce qui convient le mieux à vos oiseaux. Après l'envol des jeunes, la nourriture doit être abondante. On peut en profiter pour proposer des aliments que les parents avaient jusque-là refusé. Grâce à la curiosité des jeunes et leur habitude de tout tester, vous éduquerez ainsi la nouvelle génération à accepter une nourriture variée.

Ce serait trop beau si tout se passait aussi simplement. Mais des **complications** de toutes sortes peuvent surgir. Souvent, les jeunes couples ne savent pas comment s'y prendre avec la première nichée, et même avec la seconde. Même si l'échec et la mort de la nichée sont des événements tristes, il faut encore donner aux parents la possibilité d'apprendre. Cependant, certaines femelles ne parviennent pas à effectuer cet apprentissage. Les éleveurs possédant plusieurs couples ont toujours la possibilité de confier les jeunes à un autre couple. Mais que faire si cette solution est hors de portée ? Si vous avez beaucoup de temps et que vous dormez peu, vous pouvez essayer d'élever la nichée à la main. Les premiers jours, les poussins doivent être nourris toutes les deux heures, durée que l'on peut éventuellement allonger à trois heures la nuit. Vous trouverez en animalerie les aliments de sevrage et les ustensiles nécessaires, tels que pipette, sonde et cuillère. Mais demandez à un éleveur compétent de vous montrer comment faire !

Un autre problème assez fréquent est le picage des plumes juvéniles par les parents. On ignore d'où vient ce comportement aberrant. Le plus souvent, les adultes se content de détruire le duvet et les jeunes plumes. Peu de temps après l'envol des jeunes, ceux-ci possèdent un plumage complet et, quelques semaines plus tard, il ne reste plus aucune trace visible du comportement parental. Dans les cas les plus graves, on peut

Ce jeune inséparable à joues noires se laisse peser sans difficultés.

soit frotter les jeunes avec une teinture amère, soit obturer partiellement le trou d'envol avec un grillage grossier, de telle sorte que les parents puissent continuer de nourrir la nichée. Si les néanmoins les parents parviennent encore à blesser les

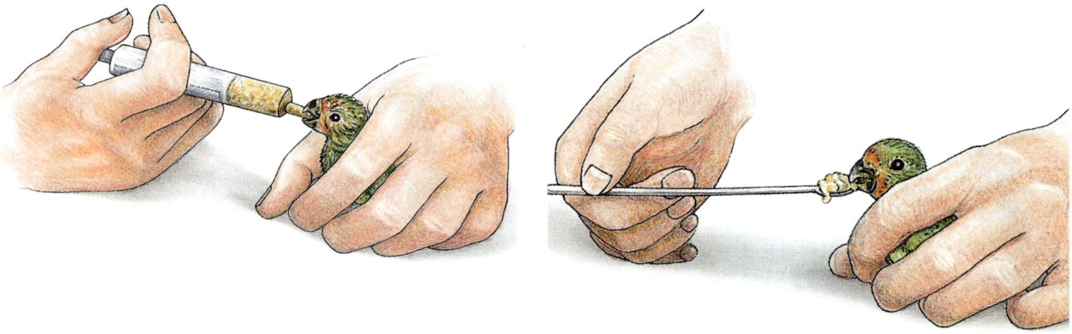

Pour nourrir les petits à la main, on utilise une seringue jetable ou une cuillère spéciale.

vaisseaux sanguins des plumes, il est conseillé d'élever les petits à la main. À ce moment, leurs yeux sont déjà ouverts et le nourrissage à la cuillère ne pose plus de problèmes. L'élevage à la main est décrit plus en détail dans les livres et les revues spécialisés.

Tout en couleurs : mutations et combinaisons

Depuis que l'on élève les inséparables, de nombreuses mutations de couleurs sont apparues. Les premières mutations de l'Inséparable à face rose ont été signalées en Californie dès la fin des années 1940, mais des inséparables masqués mutants avaient déjà été observés dans la nature en 1927, en Tanzanie. Les mutants californiens étaient des individus tachetés. Les premiers inséparables tachetés arrivèrent en Suisse dans les années 1960 et furent à la base des premiers élevages consacrés à la production de nouvelles mutations. Après que d'autres mutations comme « Pastelblau » ou « Lutino » furent apparues – par hybridation sélective ou par hasard - les premières combinaisons furent produites en croisant des mutants de diverses colorations. La gamme de couleurs est maintenant si vaste que tous les goûts peuvent être satisfaits. Certaines colorations ne plairont pas à tout le monde, mais c'est une question très personnelle. Dans les expositions spécialisées, vous pourrez voir différentes mutations et combinaisons et acheter des oiseaux à votre goût.

Les concours : un défi pour l'amateur

Page de droite : Les inséparables masqués sont fréquents dans les expositions.

De simple propriétaire, vous voici devenu éleveur amateur et votre première nichée est déjà autonome. En même temps que la fierté de ce premier succès s'éveille l'envie de se comparer à d'autres. Mes oiseaux sont-ils aussi beaux que ceux des expositions, le sont-ils plus ? Ces considérations constituent le premier pas vers une participation à un concours ou à une exposition.

Des occasions de contacts

Outre le fait de comparer vos oiseaux à d'autres, une exposition vous donne l'occasion d'entrer en contact avec d'autres amateurs et d'échanger vos expériences. Voulez-vous élever

Cet inséparable d'Abyssinie a remporté le concours fédéral en Allemagne, la plus haute distinction pour un oiseau d'élevage.

un ou deux couples seulement ou votre passion pour les inséparables vous poussera-t-elle à agrandir votre élevage ? Les expositions sont également des occasions d'échanger des oiseaux avec d'autres amateurs, d'acheter de nouvelles espèces et d'observer de nouvelles mutations colorées.

Prix, coupes ou médailles récompensant votre travail, ou simplement la reconnaissance des autres éleveurs sont bien entendu une autre raison de participer à des concours. Au cours de ces concours, organisés par diverses associations, les oiseaux sont évalués par un jury d'éleveurs expérimentés. C'est aussi l'occasion d'apprendre des choses sur l'élevage de vos oiseaux et sur d'éventuelles erreurs. Un succès offre également la chance d'échanger plus facilement des oiseaux ou simplement de les donner, car, à terme, il est impossible de tous les garder.

Comment participer ?

Chaque année, de nombreux concours ou expositions sont organisés dans toute la France par divers clubs locaux ou départementaux. Il existe même des championnats de France.

Pour participer, une condition indispensable est que vos oiseaux soient bagués et identifiables individuellement. Ces bagues sont fournies par les associations.

Bien souvent, on vous demandera de faire partie d'un club ou d'une association pour pouvoir concourir. Les modalités varient selon les associations et les manifestations : on vous fournira le règlement du concours ou de l'exposition en même temps que le bulletin d'inscription. L'avantage de faire partie d'un club est que l'on vous aidera à vous y retrouver dans les formalités légales. En effet, exposer des oiseaux nécessite d'être en possession d'un Certificat de capacité délivré par la Direction des services vétérinaires de votre département.

Dans beaucoup de concours, on vous demandera de fournir des renseignements préalables sur vos oiseaux, par exemple l'espèce, la couleur, le sexe et l'âge.

Important

Seuls des oiseaux en bonne santé et bien soignés doivent être exposés !

Associations et clubs

Ce guide pratique vous aura seulement montré les diverses facettes des devoirs et contraintes qui attendent un propriétaire ou un éleveur d'oiseaux. Mais il y aura toujours des situations pour lesquelles vous aurez besoin de conseils ou de l'aide de personnes compétentes.

Il existe de nombreux clubs locaux et régionaux qui réunissent les amateurs d'oiseaux. Certains sont spécialisés et dédiés à une seule espèce ou un seul groupe d'espèces. Il existe également trois principales fédérations nationales d'amateurs d'oiseaux exotiques (voir les adresses utiles en fin d'ouvrage). Elles éditent également des revues et certaines ont des correspondants ou délégués régionaux dans toute la France. Elles fédèrent à la fois des clubs locaux et des adhérents individuels. Vous y nouerez des contacts, trouverez des services et des aides précieuses (conseils d'élevage, aide juridique, etc.), et certaines pourront vous fournir des bagues.

Si vous avez franchi le pas de l'élevage, il est fortement conseillé d'adhérer à l'une de ces associations. Les plus importantes ont des délégués régionaux et organisent régulièrement des rencontres annuelles ou pluriannuelles. Les passionnés d'oiseaux y sont toujours les bienvenus.

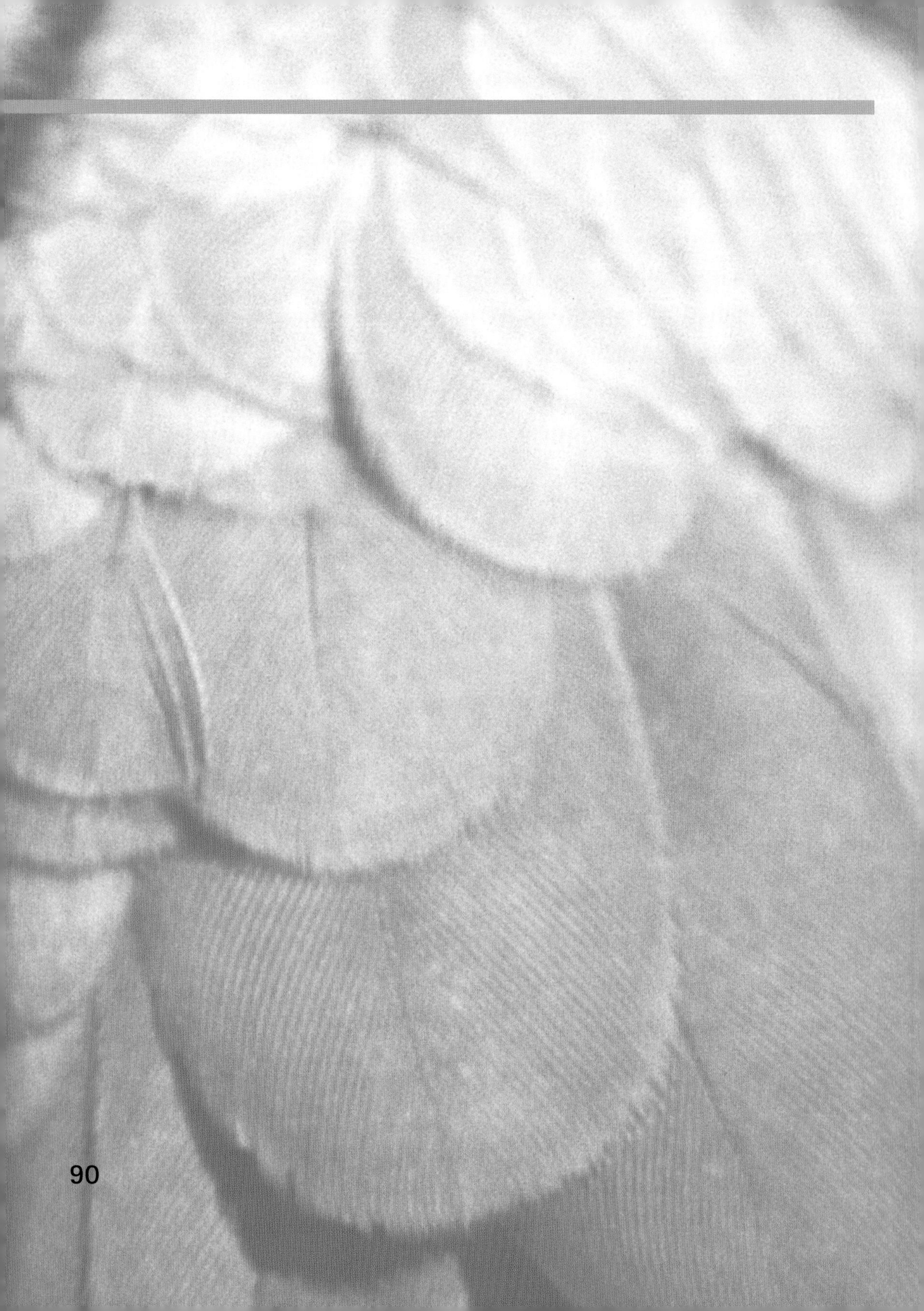

Adresses et crédits

Adresses

Fédération française d'ornithologie
www.ffo.asso.fr

Union ornithologique de France
www.ornithologies.fr

Club des Amateurs d'Oiseaux Exotiques (CDE)
www.clubde.com

Crédits photographiques

Juniors Bildarchiv, J.u.P. Wegler, Ruhpolding : p. 89
Lietzow Eckhard, Enger : pp. 1, 5, 7, 13, 14, 15 (2), 16, 19, 20, 21, 22, 23, 24, 25, 27 (2), 29, 30, 32, 33, 34, 36, 37, 40, 42, 44, 46, 50, 54, 64, 66, 67, 69, 72, 78, 79, 80, 83, 86, 87, 4e de couverture bas
Mayer Horst, Walldorf : pp. 17, 57, 77, 4e de couverture haut
Paysan Klaus, Stuttgart : p. 9
Pfeffer Franz, Plattling : p. 41
Reinhard Hans, Heiligkreuzsteinach : pp. 47, 48, 52, 85
Rocher Philippe : 1re de couverture

Illustrations de Christiane Gottschlich, Berlin, d'après des croquis de l'auteur et des illustrations de livres.

Index

Notes personnelles